扬新 李宏 张国力 编著

陆战兵器传奇

THE LEGEND OF ARMS FOR LAND WARFARE

山西出版传媒集团 山西教育出版社

图书在版编目（CIP）数据

陆战兵器传奇/吴浩琦等编著. —太原：山西教育出版社，
2015.4（2022.6 重印）
ISBN 978-7-5440-7557-2

Ⅰ.①陆… Ⅱ.①吴… Ⅲ.①步兵武器-青少年读物
Ⅳ.①E922-49

中国版本图书馆 CIP 数据核字（2014）第 309890 号

陆战兵器传奇
LUZHAN BINGQI CHUANQI

责任编辑	彭琼梅	
复　审	李梦燕	
终　审	张沛泓	
装帧设计	薛　菲	
印装监制	蔡　洁	

出版发行　山西出版传媒集团·山西教育出版社
　　　　　（太原市水西门街馒头巷7号　电话：0351-4035711　邮编：030002）
印　　装　北京一鑫印务有限责任公司
开　　本　890×1240　1/32
印　　张　8
字　　数　189 千字
版　　次　2015 年 4 月第 1 版　2022 年 6 月第 3 次印刷
印　　数　6 001-9 000 册
书　　号　ISBN 978-7-5440-7557-2
定　　价　48.00 元

如发现印装质量问题，影响阅读，请与印刷厂联系调换。电话：010-61424266

目　录

··

一　名枪荟萃

二　战神怒吼

三　铁甲凶猛

一 名枪荟萃

01　现代枪械的始祖——中国弩

◇┈┈┈┈┈┈

　　当你在博物馆中看到那些在战国时期出土的秦代铜弩，当你在电影中看到古代军队在作战时使用的连发弩时，你一定会惊讶，中国人早在两千多年前就发明了如此先进的武器，该是一个多么聪明和智慧的民族啊！

　　在战国之前，中国的军队就装备了弩，它们在战争中发挥了巨大的作用。那么，弩是什么样的？它又是由哪些部分组成的呢？弩是由弓发展而来，由弓和弩臂、弩机三个部分组成的。弩的关键部位是弩机，它们都是由青铜制造的，是一种转轴连动式的装置。在弩机的四周有"郭"，"郭"是保护部件的一个盒子，"郭"中有"牙"可钩住弓弦，"郭"上有"望山"，即瞄准器，"牙"下连有"悬刀"，也叫扳机。发射时，把"悬刀"一扳，"牙"即缩下，"牙"所钩住的弦立刻弹出，有力地把矢射出。这是一种相当复杂而精巧的机械，弩弓的强度再大，只要轻轻扳动弩机，即刻便能发射，可谓"四两拨千斤"。西方学者认为中国弩是现代枪械的始祖，是古代工程技术最杰出的成就之一。

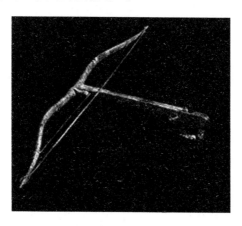

出土的秦代铜弩

在中国民间，有诸葛亮发明连发弩之说。据说，诸葛亮发明了一种被称作"元戎"的新式连弩。这种连弩有一个很深的槽，槽中一次可以装进10支8寸长的铁制箭。箭从弩槽前的小孔射出，张弦后，每扣一下扳机就射出一支箭，大大提高了弩的发射速度。据西方学者李约瑟博士试验，大约15秒钟便能将匣中的箭全部射光，李约瑟博士因此称它为"中国古代的机枪"。

在我国陕西勉县武侯墓博物馆里有一组泥塑，表现的是诸葛亮在汉中训练军队、排兵布阵的情景。可惜的是，泥塑中所谓的"八阵图"，大约在唐代以前就已经失传了。据说，八阵图的运用与"诸葛连弩"有一定的关系。"诸葛连弩"能一次发射10支钢铁制作的短箭，短箭上可能还涂有一种剧毒的植物液体，所以火力更加密集、杀伤力更加强大。特别适合在伏击战中近距离射杀敌人。为了最大限度地发挥它的效果，诸葛亮还从蜀国南方的少数民族中征集了一批擅长射击的勇士组建了一支使用连弩的特种部队，名叫"连弩士"。

诸葛连弩仿制品

新的考古发现已经证明，早在诸葛亮之前数百年，中国就已经出现了连发弩。1986 年，在湖北江陵秦家嘴战国墓中出土了一件连发弩，据专家考证，可以将 20 支 14.3 厘米长的短箭连续发射出去。由此可见，连发弩的发明，应能上溯到战国时期。

在考古挖掘中还曾经出土过大量的微小弩机，很多人开始认为它们是冥器，经过多年的研究，专家们认为这些微小的弩机并不是冥器，它们是用于实战的真正的兵器。这一观点在湖北江陵楚墓的出土文物中得到证实。那是一件极其珍贵的完整的小手弩，供单手持握自卫用，携带十分方便。这些小弩机就是用在这些小手弩上的，它们的作用与今天的手枪类似。

到了汉代，弩机有了更大的发展，汉弩的改进主要有两点：一是在青铜扳机的外面加装了一个铜制的机匣，牙、悬刀等均装在匣内，再把铜匣嵌进木弩臂上凿出的机槽中去，从而增强了弩的强度。汉弩改进的第二点是对弩的瞄准装置——望山的改进，即出现了标有刻度的望山。望山是根据勾股弦定理设计的一种先进的瞄准具。这种带有刻度的射击表尺，正是现代枪械的雏形，它和现代步枪及高炮中用的瞄准器类似。

1960 年，江苏南京秦淮河中出土了一件南朝大铜弩机，这是目前出土的最大弩机，它的长竟达 39 厘米，宽 9.2 厘米，高 30 厘米。发现时，它被安装在一个长达两米的弩臂上，显然这是床弩的弩机。床弩是弩箭武器的登峰造极之作，是依靠几张弓的合力将一支箭射出，往往要几十人转动轮轴才可拉开，射程可达 1500 米，确实是当时的远程武器。"澶渊之盟"前夕，契丹大将萧达览即是中了床弩箭阵亡的，使契丹士气大挫。

秦淮河中出土的这件大床弩曾经参加过多少次战斗不得而知，但它肯定是当时威震四方的利器。

弩是中国古代一项伟大的发明创造。中国弩的触发装置几乎和现代步枪的枪栓装置一样复杂，在生产力相当落后的古代社会，我们的祖先就能够制造出这样复杂的触发装置，不能不说是一个奇迹。公元 10 世纪，弩开始传入欧洲，但是，中世纪的欧洲弩与中国弩并不相同，它们与中国弩的主要差别是弩机。欧洲人使用的弩机灵敏度低，射击的准确性也比较差。

弩不仅在古代有应用，在现代也有它的特殊用途。由于弩在发射时无声无光，既可隐蔽射杀目标，又能避免引爆周围易燃易爆物品。许多国家的反恐部队和特种侦察部队，也对这种看来原始的冷兵器情有独钟。武警上海总队在一次反劫持"人质"的演习中，隐蔽的弩手在 50 米外将刚一露头的"劫匪""一箭穿喉"。武警部队装备的弩可以延时发射，无须在张弦的同时瞄准，这更有利于捕捉射击时机。正是由于其具备独到的优势，战士们亲切地称弩为"神秘武器"。而一些国家的特种部队配备的弩更为可怕，箭头上涂有剧毒氰化物，箭细如玻璃丝，真正能做到"毙敌于无声无息"。

02　从火绳枪到燧发枪

◇ ·················

　　公元 13 世纪，成吉思汗率蒙古大军西征，由于大量使用了火器，军队所向披靡，势如破竹。随着蒙古大军的西移，中国的火药和手持射击武器传入阿拉伯，后又传入欧洲。最早的枪，都是在枪管上部设有一个火门，发射时用红热的金属丝或木炭点燃火门里的火药，一般需要两人操作，分别负责瞄准和点火，很不方便。在欧洲，这种枪被称作火门枪。德国的黑衣骑士是最早装备和使用小型火门枪的军队。在与法国的一次战斗中，黑衣骑士用绳子把枪吊在脖子上，左手握枪，右手点火，向使用冷兵器的法军猛烈射击。法军士兵还从来没有见过这种能喷火飞弹的新式武器，吓得争相溃逃。实际上，德国火门枪的命中率很低，因为射手的眼睛必须盯着火门，才不至于点错位置或烧了自己的手，这样就不能专心对目标进行瞄准，所以命中率不高。

后来，一名英国人发明了新的点火装置，用一根可以燃烧的火绳代替红热的金属丝，并设计了击发装置。这就是在欧洲流行约一个世纪的火绳枪。所谓火绳，就是一根麻绳或捻紧的布条，放在硝酸钾或其他盐类溶液中浸泡后晾干。它能缓慢地燃烧，燃速每小时约80~120毫米。将火绳夹在一个C形或S形杠杆上，士兵射击时可以单手或双手持枪，眼睛始终盯着目标，只要转动杠杆，夹着火绳的盘管上端便恰好降到了药池，引燃膛内火药，将弹丸发射出去。训练有素的射手，每3分钟可以发射两发子弹，长管枪的射程大约100~200米。

火绳枪

火绳枪问世后，很快在欧洲广泛使用。由西班牙研制的"穆什科特"是欧洲最负盛名的火绳枪。它长约1.8~2.1米，枪重8~11千克，口径在23毫米之内，从枪口装填火药。射击时需放在叉形支架上，最大射程约250米，可以穿透骑兵的盔甲。

西班牙有一著名将领贡萨罗·德·科尔多瓦根据火绳枪的特点，发明了火绳枪战术——后退装弹术，即由40名火枪手组成一个火枪战斗编队，作战时，前排枪手射击后，就退到后面装弹，后面一排士兵接着开火。这种战术弥补了火绳枪发射速度太慢的缺陷，从而保证了能够不间断射击。

　　1525年2月，在帕维亚会战中，西班牙火枪步兵首次同法国骑兵交手。射手们占据有利地形，将火枪架在叉架上，浸过硝酸钾的火绳在缓慢地燃烧着，法国骑兵们根本没有将西班牙步兵放在眼里，因为在中世纪欧洲的历次战争中，骑兵一直占据着主导地位。他们挥舞着战刀，勇猛地向西班牙的阵地冲击。"放！"一声令下，第一排火枪兵开火射击后，立即退到后面装填弹药，接着是第二排……轮流射击，形成了持续火力。冲在前面的法国骑兵纷纷落马，被惊吓的战马四处狂奔，骑兵队形大乱，法军损失惨重。依靠这种"火绳枪战术"，西班牙军队多次击败数量占优势的法国军队。后来，法、英等国争相效仿，成立了以火枪兵为主的步兵团，火绳枪很快成为欧洲各国步兵广泛使用的武器。

　　火绳枪是第一种可以真正用于实战的轻型射击武器，但它也有许多明显的缺点。例如，它不能在风雨天使用，战斗开始前与战斗进行时，火绳必须始终阴燃着，不仅消耗量大，而且非常容易发生危险。稍不小心，火星就会点燃身上背着的弹带，引起爆炸，伤及火枪手自身。使用火绳枪的部队要想在夜间偷袭敌军，简直是不可能的，因为点燃的火绳所发出的光亮很容易暴露自己的行踪。所以，怎样剪掉火绳枪上那根讨厌的小辫子，是武器研究者新的目标。

　　在16世纪初的德国纽伦堡，有一位很有名气的钟表师，他的名字叫约翰·吉夫斯。吉夫斯不仅能制造出各种造型别致的精美手表，还对各种枪械也有浓厚的兴趣，并亲手制作过不少小巧玲珑的火绳手枪。但他对火绳枪的点火装置非常不满意，因为火绳受雨和风的影响太大，他想改善这种点火方式。有一天，他的家里来了一位客人，吉夫斯客气地请他抽烟。点火时，这个客人拿出的不是当时流行的火柴，而是已很少使用的燧石。当燧石"啪"地一声闪出了火花，并点燃了香烟时，刹那间激发了吉夫斯的灵感。他想，如果把钟表上的钢轮和燧石结合在一起，让它们产生火花，不就可以替代枪上的火绳了吗？这个灵感使他非常激动。吉夫斯送走客人，立即扎进了他的钟表制作间，终于制作成功世界上第一支轮式燧石枪。这支燧石枪后来又改进成了撞击式燧发枪，在它上面有一块燧石，撞击燧石后产生火花，火花点燃火药，然后将子弹发射出去。吉夫斯发明的燧石枪于 1515 年问世后，受到德国军方的关注，很快装备了德军骑兵和步兵。

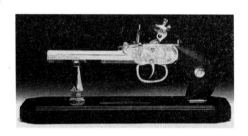

燧发枪

　　1544 年，在与法军进行的伦特战斗中，德军首次使用了轮式燧石枪。战斗进行期间，突然风雨大作，法军的火绳枪火绳受潮，无法点火，法军几乎没能打出一枪一弹，而使用轮式燧石枪的德军骑兵则完全不受影响，照样开火射击，把法军士兵打得落花流水。此战后燧石枪声威大振，火绳枪走向衰亡。

　　17 世纪初期，法国马汉又对燧石枪做了重大改进。他研制了可靠、完善的击发发射机构和保险机构，使燧石枪达到了当时所能企及的最佳水平。马汉研制的燧石枪于 17 世纪中期大量装备法国军队，并很快被世界各国仿制和采用，直至 19 世纪中期。

03　　　　　　　　19 世纪的来复步枪

◇ ......

　　在美国独立战争期间，英国是当时世界的头号强国，在军事、经济力量等方面享有绝对优势。而北美殖民地总共 13 个州，只有 300 万人，战斗打响前，既没有正规的陆军，也没有海军舰队。但是，由于这场战争是争取民族独立的解放战争，得到了殖民地广大人民群众的支持和拥护。他们自动组织起来，制造武器，参军参战。在宾夕法尼亚的一个小城，居民们大都是德国和瑞典的移民，从欧洲带来了最先进的枪械制造技术，研制了一种新型线膛枪，叫肯塔基步枪。这种枪的枪管内刻有螺旋形膛线，弹丸在空气中稳定地旋转飞行，初速达 762 米/秒，射程远，精度高。"膛线"英文为 rifle，音译为"来复"，线膛枪也因此称为"来复枪"。

　　在北美殖民地，大约有 1200 名德国、瑞典移民，带着肯塔基步枪参加了华盛顿任总司令的大陆军，编为一个步兵团，由丹尼尔·摩根上校指挥。

1777 年 9 月，丹尼尔·摩根率领步兵团参加了著名的萨拉托加战役，在一个农庄附近担负阻击任务。当时，英军使用的是滑膛燧发步枪，射程只有 100 米，而肯塔基线膛步枪的射程则达到 300 米。身穿鲜红制服的英军走出森林，在开阔地带上以整齐的阵列向前推进。这时，有一位名叫西蒙·弗拉瑟的英国将军骑在高头大马上，正在远处指挥士兵冲锋。美军的摩根上校对神枪手蒂莫西·墨非下了一道命令，让他把那个英国将军打下来。用普通的步枪根本无法击中远处的那个将军，但来复枪创造了历史。墨非靠在树上，从 300 米外瞄准这位英国将军……

第一发子弹是用来找感觉的，第二发子弹射出，将军动了一下，好像在躲避什么，第三发子弹射出，正中他的腹部。这发子弹扭转了局面，英军阵势顿时大乱。丹尼尔·摩根率部乘机反击，歼灭英军上千人。

萨拉托加战役最后以美军大胜而告结束。此战役的胜利极大地改善了美国的战略防御态势，是美国独立战争的一个重要转折点。而性能优良的线膛步枪，则对这一转折的实现发挥了重要作用。

关于来复枪，还有一个"鬼魂陷阱"的故事：

19 世纪时，美国温切斯特来复枪公司的女老板莎拉·温切斯特建造了一所很大的房子，叫"鬼魂陷阱"。房子中有些门打开就是墙壁，有些楼梯则通不到任何地方。整个房子就像迷宫一样，到处曲里拐弯，进去就很难出来。莎拉为什么要建造这么一座奇怪的大房子呢？原来，1881 年，莎拉的丈夫和刚满月的女儿相继死去，莎拉伤心欲绝。她找了一位巫师，希望能跟死去的家人接触。巫师告诉她，无数死在来复枪下的人正化为厉鬼，紧缠着她不放，要摆脱鬼魂的纠缠，必须造一座大的迷宫，让鬼魂陷在其中不能出来。

　　莎拉相信了巫师的胡言乱语，于是从 1884 年开始，扩建她在加利福尼亚州圣荷赛的房子，加建了大量房间、门窗、楼梯，并做得跟迷宫一样，以为这样可使鬼魂在迷宫一般的大宅中迷失方向，无法再纠缠她。结果到 1922 年莎拉去世时，大宅扩建到占地 25 公顷，共有 160 个房间、2000 道门和 10000 扇窗户。

04 白宫里的射击比赛

◇ ....

　　美国南北战争期间，士兵们使用的步枪都是单发的，射击的速度很慢。能不能用一支枪来进行连发射击呢？有一个叫斯潘塞的青年人成天想着这个问题。他多次做试验，终于制成了一支连发步枪。这种连发步枪不像以前的手动单发步枪那样，射击时需要从武器的外部一发一发地装填子弹，而是用弹仓存储子弹，可以接连射击若干次，射击速度比手动单发快得多。该枪口径14毫米，弹仓可容弹7发。斯潘塞想，如果这种步枪能够用于战争，一定能够建立不朽的功勋。

　　为了发明这种连发枪，斯潘塞吃了很多苦头。他从小聪明好学，对机械更是着迷，为此，他设计了十几种方案，进行了数百次试验，他的父亲对他非常支持，还拿出积蓄给他买零部件，使他很受鼓舞。为了尽早研制出连珠步枪，他不分白天黑夜地工作，历尽了千辛万苦。有一年的冬天，他冒着大雪翻山越岭去取一个零件，不慎掉进了一个六米深的山沟里，摔成重伤。伤还没有痊愈，他又开始研究起来。功夫不负有心人，他终于造出了连发步枪。

斯潘塞很高兴，他带着这支连发步枪来到北军陆军部，在陆军部的走廊里忐忑不安地徘徊着。最后，他大胆地闯到了标有"闲人免进"四个字的办公室，向军官们推荐这种步枪。可是军官们正忙于处理公文，见他只是一个年轻人，因此对这个愣小伙子的发明根本不屑一顾。

斯潘塞费了不少口舌，反复说明新型步枪的优点，最后，军官们对他说："小伙子，拿着你的枪去打猎吧，这里不需要。"

遭到冷遇的斯潘塞垂头丧气地离开办公室，他提着枪缓缓地向大门口走去。在大门口遇到看门的老头，老人见小伙子没精打采的，便问："喂，年轻人，有什么不顺心的事吗？请告诉我，也许我能够帮你。"小伙子抬头见是一位十分和蔼的老人，便委屈地说："这是我发明的连发步枪，火力很强，我想让它为战争做点贡献，谁知陆军部的这些老爷们竟连看都不看一眼。"

老人接过小伙子手中的枪，拿在手上仔细地摆弄了一阵，认为这个年轻人的发明不错。他拍拍年轻人的肩膀，说："不用着急，下班后我帮你找个人评评这支枪。"斯潘塞虽半信半疑，但也别无选择，耐心等待或许还有一线希望。

临近中午时分，看门人把斯潘塞领进了一座白色楼房。这栋白楼的建筑风格奇特，楼前的景色很美丽，朱红色的大门很漂亮，门两旁是持枪肃立的卫兵。这是什么地方？原来这是美国政府所在地——白宫。小伙子随老人见到一个面孔瘦削、围着一条方格呢围巾的人。年轻人万万没有想到，接见他的竟是美国总统兼北军统帅亚伯拉罕·林肯。原来这看门老头也非同寻常，他叫罗纳德，曾和林肯并肩战斗过，两人是亲密无间的战友，因在战场上负了伤才退下来给陆军部看大门。

林肯满怀兴致地听取了斯潘塞的介绍，之后林肯站了起来，他说："你的设计很有想象力，但是，咱们眼见为实，打响了才算数。走，到外面试试看。"

在白宫的庭院里，林肯叫士兵在远处一条长桌上，隔一定距离放置了7只酒瓶。斯潘塞与总统站在几十米外，约定进行一场射击比赛。

斯潘塞端起他的步枪，"啪！啪！啪！……"斯潘塞沉稳地扣动扳机，将7发子弹一一射出，7只酒瓶全部被击得粉碎，时间不到半分钟。

斯潘塞又往枪中装进7发子弹，他把枪递给林肯："总统阁下，轮到您了！"林肯高兴地接过重新装满子弹的步枪，认真地瞄准射击，一下子就打完了7发子弹。

林肯笑着对斯潘塞说："小伙子，我年轻时可比你打得准！不过，你发明的连发步枪太好了！"

白宫的射击比赛惊动了北军总部的将军们，他们开始重视斯潘塞的连发步枪。1861年6月和8月，陆军部、海军部对斯潘塞的步枪进行了试验和审定。评审组的官员和枪械专家充分肯定了斯潘塞的发明，建议立即投入批量生产，正式装备北军。

北军第一次使用这种步枪作战是在葛底斯堡的战役中，斯潘塞的连发步枪显示出了威力。据说，南军的士兵一听说斯潘塞连发枪就充满了恐惧。此后，北军广泛使用这种步枪，战争形势发生了较大变化。南军由于丧失了火力上的优势，节节败退。北军最终赢得了战争的胜利。

05 著名狙击手费格森未开的一枪

◇ ....

在美国独立战争中，著名狙击手费格森少校当时是英军的一名营长，他既是一个枪械发明家，又是一个绝顶的神枪手。他设计了费格森步枪，在费格森步枪出现以前，绝大部分的枪都是从枪口装填弹药。

也有很多人尝试从枪的后面装填弹药，但是没有哪个人的设计像费格森那样成功。有记载的最早后装枪大约是 16 世纪中叶发明的，当时这种枪由于装火药和弹药的活门关不紧，容易烧伤射手，没有实际的使用价值。

1704 年，法国人肖梅德在枪后方安装了一个扳机保险装置。但是这种枪的火药残留物严重影响下一次射击，而且射程很近，不能满足军队的要求。费格森少校在肖梅德枪的基础上进行了改进，克服了若干问题，设计出真正实用的后装步枪。

在美国独立战争期间，英国的费格森步枪的表现比别的步枪都要出色。1776 年，费格森步枪在英国伍尔威治兵工厂的测试中，命中 100 码（91.44 米）以外的牛眼睛。费格森少校被任命组建和指挥一支使用费格森步枪的特别部队。这很像现在的特种部队。他们的任务是射杀美军总司令华盛顿。

1777 年 10 月的一天，在美国费城杰曼敦地区，英、美两军在相距 200 多米的阵地上对峙着。战场上的枪炮声已经平息下来。这时美军阵地上突然出现一个军官，衣着很随便，正漫不经心地看着英军的阵地。在英军的阵地上，神枪手费格森正端着自己发明的费格森步枪，向这名军官瞄准。而对面的那位美国军官没有一丝一毫的察觉，显出一副很悠闲的样子走来走去。神枪手费格森屏着呼吸，枪的准星稳稳地套住了那位美国军官，但他没有扣动扳机，又把枪放了下来。

神枪手费格森当时判断，美军阵地上的这位衣着随便的美国军官不会是大官。将军上阵，都会前呼后拥，带的警卫不少于一个班，而这个人身边只站着一个随员。按照那个时代的惯例，将军到阵地视察，要在阵地上举行欢迎仪式，鼓、号要响一阵子，可是美国阵地上一点动静也没有。因此，费格森少校认为，美军阵地上的这位衣着随便的军官不会是将军，不值得他这位百发百中的神枪手浪费一粒子弹。然而，费格森万万没有想到，他放走的这位身高 1.83 米、衣着随便的军官正是领导美国独立战争的陆军总司令乔治·华盛顿。事后当英国人知道实情时，已追悔莫及。

关于这件事，美国的一本轻武器史书上这样写道："美国的命运在这一瞬间掌握在这个英军少校的手中。"

三年之后，即 1780 年 10 月 7 日，费格森少校率领的一支部队在金斯山战斗中陷入美军的重围，美军的一名狙击手一枪就击中了费格森。这位年仅 36 岁的英军少校神枪手当场毙命。

06　卡尔卡诺步枪射杀肯尼迪

◇ ·················

　　1963 年 11 月 21 日是星期五，中午时分，一辆黑色的 1961 年产的林肯大陆豪华敞篷车在美国得克萨斯州达拉斯市的街道上缓缓行驶，车内坐着的正是美国第 35 届总统约翰·肯尼迪。此刻，他笑容满面，挥舞着双手，向欢迎的人群频频招手致意。在车中还有总统夫人杰奎琳·肯尼迪、得克萨斯州州长约翰·康纳利和州长夫人内莉·康纳利。

　　本来这辆轿车是安装有防弹罩的，但是，为了让达拉斯市民一睹第一夫人杰奎琳·肯尼迪的芳容，同时也为了表示总统对达拉斯市民的信任，肯尼迪总统没有让特工人员安装防弹罩。车队的行进路线已经过了周密检查，在车队前方开道的警车隶属于达拉斯警察局，装备有和总统坐车保持联系的通讯设备，乘坐的是总统的特工。肯尼迪和夫人杰奎琳乘坐的林肯轿车位于这辆警车的后方。总统坐车有三排座位，可以搭乘 7 人。车上搭乘的有：位于前排左侧的汽车司机威廉·克瑞尔和右侧的秘密特工罗伊·克莱曼；第二排坐的是州长约翰·康纳利和位于他左侧的州长夫人内莉；肯尼迪和夫人杰奎琳坐在后排座位上，肯尼迪位于右侧。

中午 12 时，车队以 15～20 千米的时速开到达拉斯市内，所到之处拥挤着欢迎的人群，沿途的楼房也都打开了窗户，正在工作的人们透过窗口观看这一盛况。同时，在欢迎的人群中，还有一些持批评意见的团体和个人，他们高举各类抗议标语，进行示威活动，但总体来说，总统车队在整个行程中几乎没有意外发生。行驶过程中，车队曾因肯尼迪与欢迎他的一些天主教修女和一批学生握手而两度停下。在美茵大街上，一名男子跑到了主路中心，企图阻拦车队前进，他的行为被警察和秘密特工制服，没有对总统车队的行进造成影响。大约美国中部时间 12 时 28 分，肯尼迪的车队已经接近得克萨斯州教科书仓库大楼，车队在迪利广场入口处右转驶上了休斯敦大街，面向高大的教科书仓库大楼。紧接着，车队又向左转弯驶上了埃尔姆大街。由于埃尔姆大街两旁的树木矮小，而且前方有一座铁路立交桥，围观市民较少，整个车队就暴露在了教科书仓库大楼的右侧。

而此时，车队仍保持着 15～20 千米/小时的缓慢速度。中午 12 时 30 分，肯尼迪总统一行的车队正从主街道拐向埃姆斯大街。这时，内莉·康纳利夫人回过头来与肯尼迪总统开玩笑说："总统先生，您不能在达拉斯逗留，这儿不喜欢您。"

"不！"肯尼迪总统莞尔一笑。

"砰！"一声枪响，开始人们以为是爆竹声或汽车轮胎破裂声。接着又是一声"砰！"一颗子弹击中肯尼迪总统的颈部，总统下意识地将手移至喉部。总统敞篷车的司机感到有些异常，猛然想起车上的防弹玻璃已经按总统的指示卸掉。当司机回头看时，第三次枪声已经响过，他发现肯尼迪总统的头部受伤，鲜血直流。

这时坐在肯尼迪身边的杰奎琳惊叫起来，他看到丈夫的颅骨在枪弹的撞击下炸裂了，总统倒在靠座上，头向前奔拉下来。与此同时，康纳利州长则倒在内莉·康纳利夫人的手臂上。

这一谋杀事件震惊了美国朝野，引起世界各国的轰动。

约翰·肯尼迪是美国历史上第四位遇刺身亡的总统，也是第八位在任期内去世的总统。到底是谁刺杀了美国总统肯尼迪呢？据后来中情局的一名特工在死前说是当时的美国副总统约翰逊一手策划的这场刺杀，而且他利用职权阻止事情的调查，使这件刺杀案成为一件悬案。约翰逊的情妇也证明了约翰逊是幕后黑手。但是事情真相究竟是怎样的，如今 50 年过去了，达拉斯街头的枪声仍然是一个谜。如果不是一个政治集团在作梗，那么美国应该会查出真相的。

其中开枪的凶手叫李·哈维·奥斯瓦尔德。他生性孤僻，在海军陆战队服兵役期间，曾两次因行为不轨受到处分。他后来到苏联使馆请求避难，遭到拒绝后自杀未遂。1961 年，他和俄罗斯姑娘玛丽娜结婚，后来回到美国。那天上午，奥斯瓦尔德乘同事的汽车来到他的工作单位——得克萨斯教科书仓库。他随身带着一个长包裹，里面放着一支步枪，他来到仓库六楼，将步枪放在一堆纸盒内。临近中午时，其他职员到楼下欢迎总统车队，奥斯瓦尔德来到六楼，在窗口伸出步枪。12 时 30 分，总统车队缓缓驶来，奥斯瓦尔德向林肯车发射了三发子弹，肯尼迪总统当场身亡。一小时后，奥斯瓦尔德被警察拘留，但是在众目睽睽下，奥斯瓦尔德被一名酒店老板杰克·卢比枪杀，他在死前说道："我只是一只替罪羊。"卢比在入狱后也莫名其妙死亡。

　　当时，凶手使用的步枪是意大利卡尔卡诺 M91 军用卡宾枪，口径 6.5 毫米，枪长 990 毫米，重 3 千克，枪上装有一具 4 倍瞄准镜。由于这种枪是美国战争的剩余物资，所以大街上的体育器材商店均有出售。暗杀肯尼迪的这支枪，是凶手于案发前几个月花二十多美元买来的。这支枪性能一般，并不适合做暗杀武器。但是，奥斯瓦尔德在海军陆战队时曾是一名优秀的射手，购枪后又经常到野外打猎，因此在不到 100 米的距离上进行瞄准射击对他来说轻而易举。

07　狙击手与狙击步枪

◇ ·············

　　"狙"在古书中是指一种非常狡猾的猴子，现代的意思是窥伺。而狙击则指蛰伏在隐蔽地点伺机袭击敌人。有记载的狙击行动最早出现于 1648 年 7 月欧洲战场的威斯特法伦战役，瑞典军队一个神枪手潜伏在距敌 400 米处的河对岸隐蔽位置，用"特申"燧发枪打死了敌方最高指挥官，从而使战局发生了有利于己方的变化。从此，狙击行动广泛出现在欧洲战场，并走向全世界。

　　狙击是一种有效的战术。狙击手需要有猎人一样的耐心，狼一样发动进攻的勇气，百步穿杨般的高超射击水准。狙击成功不是简单的复制，狙击会面临许多潜在的、突发性的挑战，成功的狙击不仅仅是消灭敌人，还包括功成身退。因此，狙击手不仅要有直面生死的勇气，还要有置之死地而后生的决心。

　　狙击手射出的每一发子弹都凝结着生命的重量，每一个倒下的目标都会成为他们胸前的勋章。作为世界顶尖的狙击手，他们最擅长的就是悄无声息地蛰伏，幽灵般地出没。无论白天还是黑夜，他们所到之处都弥漫着死亡的阴森。子弹是他们的武器，也可能是他们最后的归宿，他们要用子弹消灭敌人，更要用子弹消灭战争。

狙击步枪

　　早期的狙击步枪大多是精选的普通步枪，再装上光学瞄准镜。但随着狙击战地位的提升和枪械技术的发展，专用狙击步枪发展很快。目前，比较流行的狙击步枪型号大约有 10 余种，可分为西欧、俄罗斯、美国三大设计流派。

　　在海湾战争中，狙击步枪立了大功。训练有素的美军狙击手，秘密接近伊拉克阵地，在约 1800 米外隐蔽，他们专门瞄准伊拉克军队飞毛腿发射架上的固体燃料箱，几乎是百发百中。箱壳被击穿一个洞，伊军在点燃导弹之前一般不容易发现此隐患，导致导弹在发射时多次发生莫名其妙的爆炸。

　　还有，多国部队的舰船时常受到伊拉克水雷的威胁。一旦发现水雷，最简捷的办法就是叫来一名狙击手，站在甲板上将其击毁。

　　狙击手使用的武器，就是狙击步枪，狙击步枪为什么具有这么高的命中率呢？大家知道，普通步枪离不开表尺、准星和缺口。当我们瞄准时，表尺、准星和缺口三点成一线是命中目标的最基本的要领。但是，人的视力是有限的，在目标、缺口和准星之间总是存在一定的方向、高低瞄准误差，因此射击精度受到影响。狙击步枪与普通步枪不同，它除了有机械瞄准装置外，还装有光学瞄准镜，好比把一个单筒望远镜装在枪管上。光学瞄准镜可以把目标图像放大 10 倍左右，并把目标图像投射到瞄准镜内的分划板上。在刻有

　　测距和瞄准功能的分划板上，狙击手可以比较清晰地看到放大了的目标图像，准确地测出目标距离，并通过调整瞄准镜外的高低和方向手轮进行修正，直到对准目标。这时，只要轻轻地扣动扳机，子弹便可以准确无误地命中目标。

　　装有激光瞄准镜的狙击步枪使用起来更加方便。只要打开激光发射器，当激光发射器射出的光斑照到目标上时，即可开枪射击。光斑照到哪里就打哪里，命中精度极高。因此，精良的轻武器，再加上对射手的严格训练，在1000米左右对单个重要目标进行射击，达到百发百中也就轻而易举了。

　　当前号称世界上最好的狙击步枪是由英国精密国际公司生产的L115A3远程狙击步枪，枪重6.8千克，长1300毫米，发射8.59毫米子弹时初速每秒936米，有效射程达1609米，每支枪售价达2.3万英镑，显然是枪中贵族。在危机四伏的阿富汗前线，英国陆军想要穿过迷宫般的建筑物和茂密的植被，追击塔利班武装，往往只能

英国L115A3远程狙击步枪

求助于空军，但出动空军战机实在是既耗油又费时，而且空袭还容易导致平民伤亡。英军已经购买大批L115A3运往阿富汗，指望它

能一枪制敌。据英国媒体报道，一个装备了 L115A3 狙击步枪的狙击小组，在来到阿富汗赫尔曼德省的第一天，就摧毁了一个塔利班据点，他们在 60 秒内射杀了 3 名塔利班武装分子。

世界著名狙击手

苏联女狙击手巾帼不让须眉

第二次世界大战中，苏联征召和训练了很多女兵，大多是空军飞行员、坦克兵、战场医疗救护和狙击手。实践证明，由于身材较小、身体柔韧性和心理素质更好，女性尤其适合担当狙击手这个角色。人们发现，女性承受战场压力的能力更强，抵御严寒的能力也超过男性，特别是在狙击作战中常用的欺骗战术的运用上也有独到之处。苏军女狙击手拥有专门的狙击训练学校——苏联中央女狙击手训练学校，该校坐落在莫斯科近郊，由参加西班牙内战的苏军女军官切格达娃负责指挥。在苏联卫国战争期间，许多战绩突出的苏军狙击手都是女性，所有成功狙杀战绩超过 40 人的狙击手都可获得杰出狙击手的荣誉勋章，战绩出众者还有机会获得苏联军人的最高荣誉——"苏联英雄"勋章。

柳德米拉·米哈伊尔洛夫娜·帕夫利琴科是第二次世界大战期间最著名的苏军女狙击手，她的战斗经历极具代表性。大战爆发前，帕夫利琴科还是一名大学历史系学生。1941 年，当德国向苏联宣战时，帕夫利琴科毅然参军来到了部队，"我参军的时候，女性还不太容易被接受。我本意是当一名战地护士，但是被拒绝了。"她被分配到第 25 步兵师做了一名步枪手。当她进入前线时，发觉现实并不像自己想象的那么轻松。"我知道我的任务是射杀敌人，"

她回忆道，"但是知道是一回事，操作起来完全是另外一回事。"在她进入战场的第一天，尽管能从她隐蔽的地方清楚地看到敌人，可她就是不敢开火。但是，在看到一个德国士兵射杀了一名就隐蔽在她旁边的年轻苏联战士时，帕夫利琴科的想法改变了，"他是一个那么英俊、快乐的孩子，但就被活生生地射杀在我的身边。从那以后，再没什么可以阻止我了"。

帕夫利琴科使用的是一支托卡列夫 SVT40 半自动狙击步枪，在战斗中很快表现出优秀狙击手的出色素质，她在接下来的 10 个月里共取得 187 个经确认的成功狙击纪录，而且在残酷的反狙击作战中也有不俗的表现。精准的射杀技术使帕夫利琴科成为全苏联人民崇拜的女英雄。1942 年，她在接受《时代》杂志采访时，对美国的媒体进行了一番嘲弄："一个记者评价我军装裙子的长度，说是在美国，女人们穿的裙子更短。"但裙子的长度看起来并不影响她狙杀309 名纳粹分子的成绩，她的勇敢和技巧鼓舞了无数苏联人。

1942 年 6 月，克里米亚战役正在激烈进行，帕夫利琴科因在一次战斗中被迫击炮弹击中负伤，苏军最高统帅斯大林得知这一消息后，安排她乘潜艇离开战场。此时帕夫利琴科的个人战绩已经提升至 309 人，从而成为苏军中战绩最好的女狙击手。后来，在上级的安排下，帕夫利琴科再也没有参加过战斗，但她一直渴望再次举起她的狙击步枪。

在治疗和修养期间，帕夫利琴科出访美国并在白宫得到美国总统罗斯福的接见，还获得了一支温彻斯特式步枪。回国后，帕夫利琴科晋升少校军衔。1943 年 10 月 25 日，她被授予"苏联英雄"的荣誉称号和金星勋章。战后的 1945 年至 1953 年间，她在苏联海军供职，并被授予海军少将军衔。帕夫利琴科从海军退役后，又在苏联军事支援辅助委员会供职。

1974 年 10 月 10 日，柳德米拉·米哈伊尔洛夫娜·帕夫利琴科去世，年仅 58 岁，被安葬在莫斯科的诺沃德维奇公墓。墓碑上镌刻着她生前最喜欢的诗句——痛苦如此持久，像蜗牛充满耐心的移动；快乐如此短暂，像兔子的尾巴掠过秋天的草原。

为了纪念她在苏联卫国战争时期的卓越表现，苏联在 1976 年发行了一枚以帕夫利琴科为主题的纪念邮票，邮票上的帕夫利琴科勇敢美丽、英姿飒爽，不禁使人联想起这位女狙击手盛年之时，是如何在枪林弹雨中英勇杀敌的。苏联人民将永远铭记她，将无尽的敬佩献给她。

在生存机会上，女狙击手并不比男性狙击手高，一旦被俘，她们的下场可能更为悲惨。玛丽娅·波丽凡诺娃和纳塔丽娅·科绍娃都是苏军中经验丰富的狙击手，其个人战绩均超过了 300 人。1942年 8 月，她们所在的部队被德军分割包围。在用尽了身上所有的弹药后，她们保留了最后一枚手雷，在德军士兵蜂拥而上时引爆，与敌人同归于尽。1943 年 2 月，因作战英勇，波丽凡诺娃和科绍娃被追授"苏联英雄"荣誉勋章。

据统计，第二次世界大战期间，苏军的狙击学校共培养了 1061名女狙击手，其中 407 人后来成为狙击教官，这些人在第二次世界大战中共击毙了 12000 名德军官兵，这一战绩着实令人钦佩。

朝鲜战争锻炼出的狙击之王

在朝鲜战争中，中国人民志愿军著名狙击手张桃芳曾在 614 高地和 597.9 高地附近活动，使用的也是当时很常见的苏联莫辛－纳甘步枪。莫辛－纳甘步枪是由俄国陆军上校莫辛和比利时枪械设计师纳甘共同设计的手动步枪，在俄国也被称为莫辛步枪，各种型号的莫辛－纳甘步枪在日俄战争以及第一次、第二次世界大战中都有投入使用，越南战争甚至阿富汗战争也有出现。至今仍是民用步枪中常见的型号。

张桃芳仅在32天的时间里就取得了以442发子弹换来214人的成功狙杀战绩，甚至创造了800米距离上使用无光学瞄准镜步枪毙敌的神话。张桃芳所在的班共击毙敌军700人以上，他本人也因此荣获志愿军特等功臣并授予"二级英雄"荣誉称号，还被朝鲜民主主义人民共和国授予"一级国旗勋章"。

受装备的限制，志愿军狙击手的作战距离一般在400米以下，基本集中在100~200米，800米以上距离的狙击作战很少发生。在狙击手的世界里，天分是一种资本，不可多得。除了天分，张桃芳也拥有更强的实力、毅力、胆量和智慧。他1931年出生在江苏兴化，算是郑板桥的同乡。不过和这位文豪不同，张桃芳没有太高的文化，因为童年的生活没有给他学习的机会。张桃芳参军后，很快便显示出了一名狙击手的天分。张桃芳所在连队据守的阵地，是上甘岭战役中英雄黄继光牺牲的597.9高地。自从进入阵地的那一刻，这位年轻战士就发誓要向黄继光学习，狠狠地打击敌人。当时，他对狙击入了迷。闲暇工夫，他不是向老狙击手请教射击要领，就是端着步枪瞄个不停。因而当他真正成为一名狙击手时，很快就进入了角色，第二次参加狙击作战就击毙一名美国兵。此后40多天时间，他用240发子弹，击毙击伤71个敌人，成为全连一号狙击手。

有一次，张桃芳一早就走向了埋伏的地点，忽然，一串子弹贴着头皮飞过。张桃芳脑袋一缩，趴在了交通沟里，神经一下子紧张起来，他感觉苗头不对。交通沟里有一顶破钢盔，张桃芳顺手拾来，用步枪

志愿军狙击手张桃芳

将它顶起露出交通沟。以前他曾用这种方法引诱对手暴露位置。可这次钢盔晃了半天，他的对手却一枪未发，显然是一位经验丰富的狙击高手。

"总算遇到高手了，这种小把戏糊弄不了他。"张桃芳明白，这次是遇到了真正的对手。他弯腰摸到了交通沟尽头，突然蹿起，几个箭步穿过一段小空地。就在这时，对面的枪手又是一个点射，子弹紧追着他的脚跟，打得地面尘土飞扬。张桃芳双手一伸，身子一斜，像被击中似地滚进了2号射击掩体内。

这个假动作显然蒙骗了对手，他暂时停止了射击。30分钟后，张桃芳从2号射击掩体里慢慢地探出头，开始搜索对面阵地。张桃芳没有出枪，因为他明白，只要他一开枪，马上就会引来杀身之祸。张桃芳此刻的目标只有一个，就是对面那个危险的对手。

等待是漫长而且残酷的，张桃芳明白，只要自己稍不注意，就会牺牲在战场上，他利用有利的地形，一点一点搜索敌人的踪迹。终于，在对面山坡的大石头缝隙里，张桃芳发现了狡猾的对手。他立刻举枪瞄准，将枪口对准了对手的脑袋。然而就在他要扣动扳机的一刹那，对手也发现了他，脑袋一偏，脱离了张桃芳的枪口，紧接着手里的枪就吐出了火舌。张桃芳再次被压制在2号射击掩体内。他的对手几秒钟就是一个点射。

经验告诉张桃芳，着急是没有用的，他坐在射击掩体里，开始观察分析对手的弹着点。

张桃芳发现，他的对手的注意力主要集中在左侧，也就是他现在所在的位置，而右侧被打的次数不多，并且中间常常会有一个间隙。他在沙袋的掩护下，慢慢爬到了右侧，然后他把步枪紧贴着沙袋伸了出去，他没有立即开枪，他在判定这是不是对手设下的一个圈套。

十分钟后，他发现对手没有发现他已经变换了位置。时机到了，当他的对手刚刚对掩体右侧打了一个点射,把视线和枪口转向掩体左侧时,张桃芳猛地站起身,枪托抵肩,即刻击发。几乎同时,他的对手也发现了张桃芳,立即掉转枪口扣动了扳机。高手对决,胜负往往只在瞬间,张桃芳的子弹比对手快了零点几秒。当张桃芳的子弹穿过对手的头颅时,对手的子弹也贴着张桃芳的头皮飞了过来。

中国狙击英雄打掉了美国专业狙击手,他用一把没有瞄准镜的旧枪,打出了比真正的狙击步枪都要好的效果。

志愿军狙击手对敌人造成了很大威胁。据有关资料介绍,从1952年5月到1953年7月,中国人民志愿军在冷枪冷炮运动中共毙敌5.2万余人。

苏军王牌狙击手尼古拉

在残垣断壁中,苏联的狙击手是不折不扣的英雄。其中王牌狙击手尼古拉就是一个生动的传说。越南战争期间,美军的狙击手威尔已经成功地击毙了58名越军士兵。越南战场是一个适合进行狙击战的地方,这里,森林为狙击手们提供了天然的射击场所和藏身之地,在用特种战不能有效对付越南游击战之后,越来越多的美军狙击手来到了越南,他们单枪匹马地穿梭于森林中,神不知鬼不觉地击毙了许多越军士兵。

面对美军狙击手造成的严重伤亡,越南向苏联申请援助。尼古拉便是苏联派去的优秀狙击手之一。

尼古拉到越南后,立刻初战告捷。苏联狙击手的秘密出现,使美国狙击手感到莫大的恐慌,他们不得不更加小心了。为了对付苏联狙击手,他们甚至不惜集体行动,设置假目标,在诱使苏联狙击手开枪的同时进行狙杀。而苏联狙击手则以守株待兔的方法,在各个森林入口埋伏着,等待着美国狙击手的到来,双方在不断地较量着。

尼古拉和一名美军狙击手僵持着,天上下起了雨。美军狙击手怕雨水把自己藏身处的树叶冲走而使自己暴露，于是开始悄悄地移动，每次都很轻，试图不暴露自己。他成功地转移到一棵树下，然后用望远镜观察，缓缓地移动着视线。突然，发现一个钢盔在一个树丛里闪了一下，他立刻举起枪，瞄准，射击！成功命中！钢盔立刻耷拉下来。他兴奋地从掩体里猛地站起来，要去看一下他的对手！就在这时，"砰"的一声，一颗子弹精确地射中了他的眉心，他身体一颤倒了下来，鲜血和雨水染红了整个地面。

尼古拉用刀割下对方的肩章，放进自己的口袋。对于尼古拉来说，看着自己口袋里的 14 个肩章，他是兴奋的。今天，他奉命和两个同伴一起去牵制一个营的美军，让越南的部队有足够的时间做好防御准备。

通过瞄准镜，他们发现有五名美军士兵出现在森林的小路上。尼古拉知道这是先头侦察部队，先放过他们。过了 10 分钟，后面的一个美军营出现了。他们排成三排，以长蛇阵的队形行进着。对于狙击手来说，这是一群再好不过的靶子。

"砰……砰……砰……"三声枪响，三名美军士兵倒下了。美军发现他们遇到了伏击，慌忙卧倒，并漫无边际地发射子弹。

看到美军都卧倒了，狙击手们也停止了射击。美军以为是游击队，现在已经吓跑了。于是站起来继续前进。他们不知道这次面对的不是游击队，而是训练有素的三名狙击手。又是三声枪响，又有三名美军倒下。这回美军士兵学乖了，他们立即卧倒，很长时间都没有站起来。前面探路的五名美军听到枪声，立刻返回，结果，五声枪响，五个人全部报销。

尼古拉奉命去狙杀美军威尔这个特级狙击手。经过一番艰苦卓绝的较量，尼古拉终于射杀了威尔。2001 年，尼古拉的事迹被拍成了电影《兵临城下》。尼古拉是乌拉尔山人，山区生活给了他一颗丰富而又沉静的心，还有百发百中的狩猎枪法。

08 横扫千军的马克沁机枪

◇ ....

海勒姆·史蒂文斯·马克沁

在伦敦肯辛顿博物馆里，陈列着一挺有上百岁高龄、在枪械发展史上意义非同寻常的重机枪，标牌上写着："这是世界上第一挺靠火药气体能量供弹和发射的武器"。该枪口径11.43毫米，枪身重27.2千克，枪架重29千克，采用容弹量为333发、6.4米长的帆布带供弹，理论射速600发/分钟。它的发明者就是大名鼎鼎的海勒姆·史蒂文斯·

马克沁，美、英等国都称他为"自动武器之父"。

1840 年 2 月 5 日，马克沁出生在美国缅因州桑格斯维尔。他家境清贫，小时候经常与兄弟到野外打猎卖钱，补贴生活。这使马克沁从小就有机会摆弄枪支，熟悉一些枪械原理。

马克沁 14 岁进入一家马车厂当学徒，以后又在好几家工厂、作坊干活。他没有机会接受正规教育，但他勤奋好学，无论干什么活都喜欢用心琢磨，还经常搞点小革新、小发明，如自动捕鼠器、航海计时仪、带警报的自动灭火机、去磁器、炭丝电灯泡等，显示出了非凡的创造才能。三十多岁时，马克沁被聘为美国电气公司的工程师，在机械、电气方面颇有造诣。他经常去欧洲为公司办事，结识了不少朋友。

1881 年，马克沁参加在巴黎举办的电气工业展览会，遇到一位交情很深的朋友，两人无话不谈。当时的欧洲战争频繁，许多国家都在致力于研制新式武器。这位朋友快人快语，半开玩笑似地对马克沁说："你要想赚大钱，最好发明一种玩意儿，使欧洲人彼此残杀起来更得心应手。"

马克沁对当时欧美各国使用的武器并不陌生，他特别关注刚刚兴起的手摇式连发枪，它们都太笨重，需要改进。老朋友的一番话使马克沁动了心，他毅然放弃了美国电气公司的工作，把全部精力转移到武器研制上，并于 1882 年移居英国，后加入英国国籍。

在伦敦克莱肯威尔路一个花园的小作坊里，马克沁开始了新武器的研制。作坊里除一台机床外，其余的工具、刀具都是他自己设计制造的。马克沁是在一个崭新的领域里工作，当时流行的几种手摇式连发枪在机械构造上具有参考价值，但因没有解决最关键的问题——自动供弹、自动退壳的动力来源，还不能称为真正的机枪。有一次，马克沁去一家枪店买枪械零件，老板得知他正在研制自动武器，便好心地劝他："我见过不少人想造这种枪，都一事无成，你最好不要再为它白白浪费时间和金钱了。"马克沁说:"我和你以前见过的那些人不同,我是另一号人。"

马克沁的灵感来自一次偶然的发现:他在一个军队射击场用步枪射击时,由于这种步枪后坐力特别大,抵枪托的肩被撞得很疼。和他一起打靶的士兵因常用这种枪,肩上更是青一块紫一块的。火药气体产生的后坐力这么大,难道不可以变害为利吗?

对于人们习以为常、熟视无睹的射击后坐力现象,马克沁巧妙地加以利用,他于1884年造出了第一挺以火药燃气为能源的自动武器——马克沁机枪。该枪借鉴了加特林连发枪的操纵机构和温彻斯特步枪的闭锁机构。他绘制出样枪图纸后,起初拟采用铜铸,但是请人按图纸浇铸几次都不满意。于是他亲自动手,改用锻造法,终于获得成功。他的助手诙谐地说:"你不仅是设计师,还兼锻工、机工,真是又当爹又当妈!"马克沁听了哈哈大笑。

造了几挺样枪后,马克沁决定在作坊附近的花园里秘密进行射击试验。不料,助手在与枪店老板接触中掩饰不住因成功而产生的喜悦,无意中走漏了风声。英王室的剑桥公爵闻讯后驱车登门参观新式武器表演,伦敦的许多要人和社会名流也接踵而来。

射击试验开始了,周围鸦雀无声。当马克沁扣动扳机时,大家都被眼前的景象惊呆了,只见子弹似乎源源不断地以极高的速度从"突突"作响的枪口喷射而出。他们从来没有见过这种东西,它的火力是史无前例的,马克沁的发明十分成功。

围观的人们热烈鼓掌,伦敦各大报纸竞相报道。专家们评论:马克沁的这一重大发明,在世界枪炮史上开创了自动武器的新纪元。不久,马克沁又对机枪进行了一些改进,风尘仆仆地辗转于英、法、意、德、俄等国进行表演,向各国军队推荐他的机枪。

有一年,清政府派大臣李鸿章访英,李鸿章也应邀参观了试射表演。机枪的猛烈火力使他震惊，每分钟竟能发射 600 发子弹，他连声说："太快，太快！"当李鸿章听到机枪的报价时，又连声说："太贵，太贵！"后来，大约在清光绪十四年（1888），中国也购进少量马克沁机枪进行仿制。

清政府官员参观马克沁机枪试射表演

马克沁重机枪首次实战应用是在 1893 年到 1894 年，英国军队与非洲麦塔比利人的战争。在一次战斗中，一支 50 余人的英国小部队配有 4 挺马克沁机枪，据守在一个山头上。90 分钟内，5000 名手持长矛、弓箭的麦塔比利人发起数次冲锋。在统一指挥下，英军机枪火力如暴风骤雨般扫射，强悍的麦塔比利人一排排倒在血泊中，3000 多人战死。

远征非洲的英国殖民军，1898 年 9 月，在苏丹同奥得曼领导的数万名伊斯兰教徒进行了一场兵力悬殊的决战。英军能参加战斗的只有 48 人，装备有 40 挺马克沁机枪，在尼罗河岸的有利地形构筑了防御阵地。天刚蒙蒙亮，成千上万的苏丹骑兵、步兵就向英军发起了猛烈、持续的进攻。机枪吐着火舌，密集的子弹呼啸着飞向人群。伊斯兰教徒虽然勇猛无比，但毕竟不是钢筋铁骨，英军阵地前尸横遍野、血流成河，苏丹人死伤两万余人。

1899 年至 1902 年的南非战争，则是第一次双方都使用机枪、势均力敌的作战。布尔人从德、法等国购买了大量新式武器，让英国殖民军也尝到了挨机枪扫射的滋味。

在第一次世界大战索姆河战役的第一天，在马克沁机枪的扫射下，任何人生还的希望都很渺茫，这一天，英国军队死了整整 6 万人。到 11 月 18 日战役结束这 141 天的时间里，英法联军阵亡 61.5 万人，德国阵亡 65 万人，大多数人都倒在马克沁机枪的火舌中。马克沁机枪被认为是有记载以来杀人最多的枪械，被马克沁机枪杀死的至少有 100 万人。

19 世纪末至 20 世纪初，马克沁机枪在各种兵器中独占鳌头，许多国家的军队都先后装备了马克沁机枪及其改进型。其中以德军装备的 1908 式 7.92 毫米马克沁机枪比较有名，低矮的三脚架替换了两轮手推车式枪架。

我国抗日战争期间，山东抗日队伍在军阀吴佩孚的家吴家大楼的地下室里起出了一挺马克沁机枪，战士们如获至宝。它第一次参战是 1938 年秋的平度大清阳战斗，当敌人端着刺刀向我军发起冲锋时，这挺重机枪一响，子弹旋风般地扫过去，狂妄的日军被打得抱头鼠窜，纷纷后退，日伪军死伤百余名。由于这挺机枪立了大功，又由于它威力很大，枪身是黄色的，所以胶东根据地的群众给它起了"老黄牛"的称号。

一百多年来，自动枪械已经发展了好几代。但是，专家们一致认为在基本原理和结构上尚未出现根本性突破。马克沁机枪及其改进型枪，一直使用到 1972 年的印巴战争。由马克沁首创的自动武器原理，至今仍在枪炮研制中发挥着作用。

09 臭名昭著的德林杰手枪

◇ ··················

19世纪初，英国牧师亚历山大·约翰·福赛思研制成功装有雷汞铜火帽的击发手枪，使盛行近300年的燧石手枪逐渐衰亡。福赛思的发明很快传到美国。费城一个叫亨利·德林杰的枪械工，经过刻苦的钻研，于1825年设计出一种击

德林杰手枪

发手枪，取名德林杰手枪，这是美国最早的手枪之一。这种枪一开始由美国国家武器公司制造，后来又转入柯尔特专利武器制造公司生产，称作柯尔特2号德林杰击发手枪。德林杰击发手枪还属于前装式枪，弹丸从枪口装入，只能单发射击，口径11.2毫米。与以前的燧石手枪相比，这种采用雷汞铜火帽的击发手枪的突出优点是：

点火时间短而且可靠，底火装置防水性能好，使用快捷方便。当时，正值美国南北战争，德林杰手枪生产量很大，是一种广泛使用的武器。

1865 年 3 月，领导联邦政府和军队取得南北战争胜利的亚伯拉罕·林肯，再次在总统竞选中获胜，在首席大法官萨蒙·蔡斯的主持下，宣誓就任美国第十六任总统。林肯是一位杰出的政治家。

林肯于 1809 年 2 月 12 日出生在一个农民家庭。小时候家里很穷，他没机会上学，每天跟着父亲在西部荒原上开垦劳动。但他酷爱读书，一有机会就向别人请教，没钱买纸笔，他就在沙地和木板上写写画画，练习写字；放牛、砍柴、挖地时怀里也总揣着书，休息的时候，仍不忘带着书津津有味地读。后来林肯离开家乡独自一人外出谋生，打过短工，当过水手、店员、乡村邮递员、土地测量员，还干过伐木、劈木头这样的力气活。不管干什么，他都非常认真负责，诚恳待人。所以他每到一处，都受到周围人的喜爱。

林肯刻苦自学，不但阅读了历史、文学、哲学、法学等著作，还获得了丰富的知识，并对政治产生了很大的兴趣。1834 年，25 岁的林肯当选为伊利诺伊州议员，开始了他的政治生涯。1836 年，他又通过考试当上了律师。

青年时期的林肯十分痛恨奴隶制度，因为他当水手时，多次运货到南方，亲眼目睹了奴隶主的野蛮残暴和黑奴遭到的残酷折磨。他当了议员之后，经常发表演讲，抨击蓄奴制，在群众中很有影响。1854 年，美国共和党成立，林肯加入了这个主张废除奴隶制的新党派，两年后，他在第一次全国代表大会上被提名为副总统候选人。他在竞选演说中说："我们为争取自由和废除奴隶制度而斗争，直到我国的宪法保证议论自由，直到整个辽阔的国土在阳光和雨露下劳动的只是自由的工人。"

　　1858 年，林肯以一篇题为"裂开了的房子"的演说参加了伊利诺伊州参议员竞选，他把南北两种制度并存的局面比喻为"一幢裂开了的房子"。他说："一幢裂开了的房子是站不住的，我相信这个政府不能永远保持半奴隶、半自由的状态。"林肯的演说语言生动、深入浅出，不仅表达了北方资产阶级的要求，也反映了全国人民群众的愿望，因而为他赢得了很大的声誉。

　　1860 年，林肯当选为美国总统。林肯的当选，对南方种植园主的利益构成严重威胁，他们当然不愿意一个主张废除奴隶制的人当总统。为了重新夺回他们长期控制的国家领导权，他们在林肯就职之前就发动了叛乱。1860 年 12 月，南方的南卡罗来纳州首先宣布脱离联邦而独立，接着南方很多州都相继脱离联邦，并成立了一个"美利坚邦联"，推举大种植园主杰弗逊·戴维斯为总统，还制定了"宪法"，宣布黑人奴隶制是南方联盟的立国基础，美国面临着分裂的危机，一场保卫国家统一的战争不可避免地发生了。

　　1861 年 4 月 12 日，南方联盟不宣而战，林肯不得不宣布对南方作战。林肯本人并不主张用过激的方式废除奴隶制，他认为可以用和平的方式，先限制奴隶制，然后逐步加以废除，而关键是维护联邦的统一。

　　为了调动农民的积极性，废除农奴制、解放黑奴，1862 年 5 月，林肯签署了《宅地法》，这一措施从根本上消除了南方奴隶主夺取西部土地的可能性，同时也满足了广大农民的迫切要求，大大激发了农民奋勇参战的积极性。1863 年 1 月 1 日又颁布了《解放黑奴宣言》，宣布即日起废除叛乱各州的奴隶制，解放的黑奴可以应召参加联邦军队。宣布黑奴获得自由，从根本上瓦解了叛军的战斗力，也使北军得到雄厚的兵源。这两个法令的颁布是南北战争的转折点，战场上的形势变得对北方越来越有利了。

　　1865 年 4 月 3 日，北方军队攻占了叛军首都里士满。4 月 9 日，叛军总司令罗伯特·李率残部 2.8 万人在阿波马托克斯小村向格兰特投降。历时四年的南北战争以北方的胜利而告终。

　　南北战争被称为继独立战争之后的美国第二次革命，它结束了美国的分裂局势，为资本主义经济的发展扫清了道路，也为美国日后的强大奠定了基础。但是，林肯却因为解放黑人而为南方奴隶主贵族所仇恨，最终献出了生命。

　　那是 1865 年 4 月 14 日，白宫举行了内阁会议，讨论消除战争创伤、重建"合众为一"的国家等事宜。按当天总统预定的时间表，林肯晚上要和夫人一起去福特剧院看戏。

　　在这之前，林肯经常在梦里梦到自己遇到了刺杀，而且当时局势动荡，治安比较乱，秘书肯尼迪劝他不要去了。但是，林肯说："既然已经登出广告说我们将去那里，我不能让人民失望。"

　　晚上 9 时左右，林肯夫妇一行进入剧院。舞台上演的是英国喜剧片《我们的美国老表》，观众们都被剧情吸引，林肯夫妇坐在包厢里，津津有味地欣赏着台上的表演，不时发出笑声。看得出来，林肯夫妇十分高兴。

　　但是，林肯没有想到，一场精心策划的阴谋正在向他逼近。一个黑影向着林肯的包厢走去，林肯包厢的锁不知什么时候坏了，而林肯的保镖因为对看戏没有兴趣，便躲到另一个房间喝酒去了。于是，这个黑影没有受到任何阻拦就进了总统的包厢。

　　这时，时针指向晚上 10 时 13 分，这个走近总统包厢的黑影，从衣袋中取出一把德林杰手枪，近距离向总统的头部开了一枪。随着"砰"的一声枪响，林肯倒在了椅背上，鲜血从他的脑后流出。总统夫人被这意外的事故惊呆了，尖叫一声："哎哟，我的天！"随后她就晕了过去。剧院里顿时一阵大乱。

　　向林肯开枪的人到底是谁呢？凶手名叫布斯，是一名演员。他曾与人合谋企图绑架林肯，但是没有得逞，继而产生了一个大胆的设想，刺杀林肯。林肯被刺的前两三天，布斯几乎天天酩酊大醉，他以前的那个阴谋组织支离破碎，只剩下佩因、赫罗尔德和阿茨罗德了。4月14日中午时分，他去福特剧院取邮件，无意中看到海报上说，林肯和格兰特将出席晚上的演出，布斯一阵狂喜，立即召集死党实施他们的最后计划：阿茨罗德去刺杀副总统约翰逊，佩因和赫罗尔德去刺杀日渐康复的国务卿西华德，布斯自己去刺杀总统。

　　事情进展得并不顺利。阿茨罗德喝醉了酒临阵退缩，根本没有去刺杀约翰逊。佩因和赫罗尔德倒进行得不错，他们摸到了西华德家外面，由赫罗尔德守在马车上接应，佩因直接进了西华德家，他拿着一包药，这也是早就策划好的。西华德的儿子告诉佩因，他的父亲正在睡觉，现在还不能吃药。但是佩因坚持要送药进去，小西华德感到此人不可理喻，命令他立即滚蛋。由于害怕被看穿阴谋，佩因掏出了手枪，对准小西华德的头部就是一下，可惜子弹不知咋的，竟然瞎火。佩因赶紧握紧枪，用枪托猛砸小西华德的头，可怜的小西华德头骨被打裂了。扫除了门外的障碍，佩因从包裹里抽出一把大刀冲进了西华德黑暗的卧室，这时他才发现卧室里除了西华德还有西华德的女儿和一个男护士。男护士见势不妙，立即跳将起来冲向佩因，佩因抡起大刀就把他的前额砍破了，而西华德的女儿在惊吓之余也被佩因打晕了过去。佩因冲到西华德的床边，一刀一刀地猛刺国务卿。这时，西华德的另一个儿子听到声响也冲了进来，不料被手持凶器的佩因在前额划了一刀，并且砍伤了手。佩因感到此地不宜久留，于是迅速离开卧室，跳下楼梯，在楼梯上他又撞见了一个倒霉的国务院信使，佩因一不做，二不休，把这信使又砍伤了。直到逃到大门前，狂奔的佩因不停地尖叫："我疯了！我疯了!"

事后，所有遭到佩因袭击的人最后都康复了，而西华德在林肯死后的约翰逊总统任期里还继续做他的国务卿。

再看一下布斯，当布斯进入包厢后，他近距离对着林肯的头部开枪。然而，1675名观众中，只有很少人听见枪声，甚至坐在旁边的林肯夫人和几个陪同看戏的人都没有对枪声太震惊。因为布斯选择了戏剧的高潮时开枪，演员的大笑和枪声混杂在一起是很难听清的。

凶手布斯刺杀林肯总统

接下来包厢里一片混乱，布斯从包厢里跳到舞台上，对着台下狂呼乱叫，之后，他跑向剧院的后门，骑上一匹快马逃离，但并没有一个人去追凶手。总统的随从人员赶紧把林肯送到附近的一间房子里，找来医生抢救。林肯一整夜都处于昏迷中，他没能逃过死亡的厄运，第二天清晨，林肯的心脏停止了跳动，在场的人无不悲痛万分。

4月14日晚上，政府发布了通缉令，悬赏10万美元捉拿凶手。12天后，联邦士兵在弗吉尼亚州北部一个农场的牲口棚内发现布斯，但是布斯突然被神秘枪手打死。

然而一些历史学家认为，被打死男子并非布斯。与100年后约翰·肯尼迪遇刺事件一样，林肯遇害事件也存在"阴谋论"。持这一观点的人认为，布斯刺杀林肯是某些联邦政府官员的阴谋，布斯在这些阴谋家的帮助下成功地逃脱了。联邦士兵当年打死的凶手不是布斯，他逃脱追捕并隐姓埋名生活了近40年。1907年一本阐述林肯遇刺"阴谋论"的书中写道，被打死的嫌疑人名为詹姆斯·博伊德，是一名南方盟军士兵，外表酷似布斯。据称，布斯先后逃亡至得克萨斯州格兰伯里和俄克拉荷马州伊尼德，化名为约翰·圣海伦和戴维·乔治在当地生活。戴维·乔治1903年自杀，临终前坦言，自己的真名是约翰·威尔克斯·布斯。英国《每日电讯报》援引布斯后人、家族历史学家乔安妮·休姆的话报道："我母亲讲给我的第一个故事就是，布斯并未在那个牲口棚内被打死。"

另一种观点认为，当时负责捉拿布斯的警官埃德温·斯坦顿没有抓到布斯，在无法交差的情况下找了一具面貌、体形与布斯相似的死尸交差了事，真正的布斯化名为戴维·乔治在俄克拉荷马州度过了余生。

1994年，一份请求掘墓验尸的提议递交到巴尔的法院，布斯的后人希望利用基因检测技术验证"阴谋论"的真伪。他们想挖掘出布斯兄弟埃德温·布斯的遗骸，验证在牲口棚被打死的那名男子是否与布斯家族有血缘关系。然而法官以可能破坏布斯墓下三名幼儿的墓穴为由，驳回了这一提议。也许，刺杀林肯的凶手之谜永远难以解开了。

关于林肯和肯尼迪，对持有阴谋论的人来说，历史有太多的巧合，比如：

亚伯拉罕·林肯于1846年进入国会，约翰·肯尼迪于1946年进入国会，相隔 100 年；

林肯于 1860 年当选美国总统，肯尼迪于 1960 年当选美国总统，相隔 100 年；

两人的姓都是七个字母，两人都对公民权有特殊兴趣；

两人的妻子在居于白宫期间都有流产的经历；

两人都在星期五被暗杀；

两人都是头部中弹；

杀害两人的凶手都是南方人；

两人的总统继承人都是南方人，继承人的名字都叫 Johnson，继承林肯的安德鲁·约翰逊生于 1808 年；继承肯尼迪的林登·约翰逊生于 1908 年；

刺杀林肯的凶手布斯生于 1839 年，刺杀肯尼迪的凶手奥斯瓦尔德生于 1939 年；

刺杀林肯的凶手从一间戏院跑出，在一间仓库被抓获，刺杀肯尼迪的凶手从一间仓库跑出，在一间戏院被抓获；

两个凶手都是在审判尚未开始时遭人枪杀；

林肯的秘书叫肯尼迪，肯尼迪的秘书叫林肯，而且他们的秘书当时都曾劝告总统不要去被暗杀的地点……

10　转轮手枪与杀手

◇ ....

世界轻武器界普遍认为，第一支真正的转轮手枪是美国人塞缪尔·柯尔特 1835 年发明的，当时柯尔特年仅 21 岁。柯尔特 1814 年生于美国康涅狄格州哈特福德市，卒于 1862 年，终年 48 岁。柯尔特从小是个手枪迷，他的父亲给他买来了各式各样的手枪。小柯尔特总要把每一种枪都拆开，以探究其内部的奥妙。1830—1831 年，柯尔特经好望角到英国和印度旅行。在船上，16 岁的柯尔特一时好奇走进了驾驶舱，他看到了

塞缪尔·柯尔特

大副转动着的舵轮，突然爆发了灵感，他从舵轮的转动原理联想到改进燧发转轮手枪的圆筒式弹仓，想制成一支弹膛也能这样转动的手枪。柯尔特急忙赶回自己住的船舱，模仿舵轮的结构，绘制出了一种全新的转轮手枪图纸，并急不可待地用木头雕出了击发式转轮手枪的模型。

回到美国后，柯尔特就开始了转轮手枪的试制工作。1834 年，他制出了可以发射的样枪。随后，柯尔特先后向英、法、美等国家申请了专利。他申请的专利要求范围共 8 页，其中包括转轮手枪上的枪管、转轮弹膛和枪底把的连接方法等，这些都是他的首创。他设计的转轮手枪，弹仓是一个带有弹簧的转轮，能绕轴旋转，射击时，每个弹巢依次与枪管相吻合。转轮上可装 5 发子弹，枪管口径为 9 毫米。这种转轮手枪采用当时最先进的撞击式枪机，击发火帽和线膛枪管。这种枪尺寸小、重量轻，结构紧凑。柯尔特解决了转轮手枪发展过程中遇到的技术难题，研制出了世界上第一把真正实用的转轮手枪，人们称赞柯尔特是当之无愧的"转轮手枪之父"。

柯尔特不仅是一名枪械设计大师，他还懂得专利的重要性，并且尽力保护自己的专利不受侵犯。另外，在推销方面他也是一个天才。他非常善于与那些在政治、金融和工业界有着各种各样关系的人打交道，因为这些人往往能帮助他做成大笔的枪支生意。他还积极赞助一些剧团在世界各地上演充满野性的西部片，使他的名字和他的枪都成了代号。柯尔特的名字还紧密地和美国西部的民间传说联系在一起。因为柯尔特造枪的时期正好也是美国西部开发运动如火如荼地进行的时候。在后来的电影、电视中，只要是西部牛仔片，就一定会有柯尔特转轮手枪。美国人所津津乐道的大名鼎鼎或臭名昭著的人物最后都选择了柯尔特左轮手枪作为自己的武器。当时，在美国西部流传着这么一种说法："法官就是柯尔特手枪，陪审员就是六发子弹，而最后的判决永远是——有罪!"

1846 年，美国与墨西哥爆发战争，柯尔特设计的 0.44 英寸（11.176 毫米）M1847 式转轮手枪被美国联邦政府大量购买。在美国和墨西哥战争中，转轮手枪首次大量使用。由于美军的装备明显好于墨西哥军队，墨西哥在战争中失败，被迫割让得克萨斯、新墨西哥和加利福尼亚州，丧失北部半壁江山。

19 世纪中期以后，许多国家研制和生产出各自的转轮手枪，并不断进行改进和创新。转轮手枪达到了非自动手枪所能达到的顶峰。转轮手枪弹仓一般装弹六到七发，口径为 7.62 ~ 11.43 毫米。

转轮手枪至今仍然在许多国家继续使用。它之所以能有如此持久的生命力，主要在于结构简单、机件可靠、弹仓存弹数一目了然，特别是对瞎火弹的处理很简捷。

转轮手枪作为军用武器也有不足，比如弹仓容弹量小，重新装填时间长，射速难以提高，转轮和枪管之间有空隙，容易漏气，影响射速，初速低，威力无法满足某些作战要求。在第二次世界大战后，转轮手枪逐渐被自动手枪代替。但在美国和西方许多国家，警察仍对转轮手枪情有独钟。在国外的一些民用自卫武器市场上，转轮手枪也是很受欢迎的枪种之一。

针对美国总统的几次刺杀行为多数用的是转轮手枪。那么，丧生于转轮手枪下的国家元首都有哪几位呢?

美国最早一起针对总统的枪杀案发生在 1835 年。当时美国第 7 任总统安德鲁·杰克逊刚从国会大厦里出来，一位名叫理查德·劳伦斯的失业油漆工人，从藏匿的大柱后面出来，掏出转轮手枪，突然向杰克逊连开两枪，但都没有击中。后来，劳伦斯被认定精神失常，关到一家精神病院中。尽管杰克逊总统不相信这种说法，他始终认为这是一起辉格党人的政治阴谋，是对他的蓄意伤害，但这起谋杀案已经在一些精神分析学家的笔下，成为经典的精神病人伤人案例。

1881 年，加菲尔德当选美国总统。加菲尔德当选美国总统后，常常收到一个叫查尔斯·吉特奥的人的来信。查尔斯要求加菲尔德总统任命他去担任美国驻法国巴黎的领事，总统把他的信交给国务卿去处理。国务卿告诉他驻巴黎的领事的位子已经有人了，但查尔斯还是没完没了地给总统和国务院写信，提出许多不能解决的问题。当得不到满意的答复时，他就怀恨在心。有一天，加菲尔德在巴尔的摩市波托马克火车站乘车外出，当加菲尔德总统从查尔斯旁边走过去时，查尔斯忽然掏出手枪对着加菲尔德的后背开了两枪。加菲尔德身负重伤，倒在血泊中。愤怒的群众扑倒了查尔斯。查尔斯立刻向一位警察投降，以求庇护。几周之后，加菲尔德总统去世，查尔斯也以谋杀罪被判死刑。凶手查尔斯·吉特奥行刺加菲尔德用的就是柯尔特转轮手枪。

1901 年 9 月 6 日，美国第 25 任总统麦金莱在纽约市参加泛美博览会后，在音乐厅内与排着长队的人们一一握手。当他来到一名右手用布包裹着、像是受了伤的黑发青年面前时，这个青年突然扬起右手，手里握着柯尔特转轮手枪，他迅速对准麦金莱连射两枪。9 月 14 日，麦金莱在病床上哼完了《我在步步走近你身边，上帝》这首歌后，合上了双眼。凶手叫利昂·乔尔戈斯，他是个无政府主义者，其信条是杀死一切统治者。

1995 年 11 月 4 日，正值犹太教的安息日，也是以色列的法定假日。当地晚上 7 时 50 分，约十万市民从四面八方涌到市中心的国王广场，在那里举行支持和平进展的盛大集会。以色列总理拉宾讲话完毕，准备乘车离开广场。当他走近轿车正要抬腿上车时，人群中突然窜出一个犹太青年，他掏出转轮手枪几乎贴着拉宾的身体从背后向他连开数枪。以色列总理拉宾终因伤势过重，在被送入医院后仅过了19分钟，心脏就停止了跳动。经医生检查，拉宾身中三弹，其中一颗致命的子弹正中他的胸腔。从此，巴勒斯坦与以色列刚走向和解的局面又开始逆转。

被拉宾鲜血染红的《和平之歌》歌词

此外，遭转轮手枪枪击而幸免一死的还有美国总统里根。1981年3月30日，里根突然遇刺，左胸挨了一枪，失血过多，生命曾一度垂危。如果不是被刺现场邻近有极好的医院以及现代医学技术，里根也不免遭受同样的厄运。除此之外，西奥多·罗斯福、杰拉尔德·福特、哈里·杜鲁门等，在他们担任总统期间，也都有过遭遇谋杀而大难不死的经历。

在我国抗日战争期间，八路军副参谋长左权将军是抗日战争期间牺牲的最高将领。左权将军牺牲的消息传到彭德怀那里时，他不相信自己的耳朵，直到左权的遗物——一支左轮手枪交到他的手里时，他才默然了。这支左轮手枪是在 1935 年 11 月直罗镇战役中，缴获敌第 89 师师长牛元峰的战利品，它一直为左权使用。左权牺牲后，彭德怀将这支手枪赠给当时的作战科长王政柱留作纪念。王政柱十分珍爱这支枪，一直保存在身边。这支手枪经过了抗日战争、解放战争和抗美援朝战争的洗礼。后来，王政柱将它捐给了中国人民革命军事博物馆。

11　三巨头会议上的勃朗宁枪声

◇ ....

　　1943 年的初冬，德黑兰市笼罩着一种凝重的气氛。市区内每一个路口都有不同国籍、身穿不同军装的士兵在执勤、巡逻，看得出来，这里将发生不同寻常的事情。

　　事情的确如此，这座城市正在召开反法西斯同盟国的三巨头会议，这次会议被称作德黑兰会议，最后还发表了著名的《德黑兰宣言》。所谓的三巨头是苏联大元帅斯大林、美国总统罗斯福和英国首相丘吉尔。

　　事情很是凑巧，11 月 30 日是丘吉尔首相 69 岁生日，为了庆祝德黑兰会议的圆满成功和自己 69 岁生日，丘吉尔首相决定举行一次盛大的国宴，邀请斯大林和罗斯福等各国首脑出席。这是一个喜庆的日子，也是一个充满阴谋的日子，一个罪恶的计划正在准备实施。

原来，为了挽回败局，希特勒多次派人密谋刺杀苏、美、英三国的首脑，可是都失败了，没有一次得手。当他得知丘吉尔首相要举行国宴时，十分高兴。他想："这可是千载难逢的好机会，千万别错过！"于是，希特勒下了一道命令：启用隐蔽最深的高级间谍×，在丘吉尔的生日宴会上安放烈性定时炸弹。

11月29日，国宴的准备工作正在有条不紊地进行着，突然，丘吉尔的侍卫长汤普森急匆匆地跑过来，向丘吉尔报告，据潜伏在德国柏林的英国高级间谍发来的急电，说有一位参加这次会议的盟军领袖的秘书，已经被德国人拉下水，他答应把炸弹放在宴会厅内，并制造一起"领袖爆炸案"。为了防止发生意外，请示丘吉尔是否立即抓捕他。

丘吉尔思考了一下说："我们目前还没有证据，先不要打草惊蛇。"说完，他嘱咐侍卫长做好会场的安全保卫工作，密切注视那位秘书的举动，确保各国领袖的人身安全。

汤普森离开丘吉尔的办公室后，立即开始安排保卫人员。因为汤普森曾经是英国陆军和海军陆战队组成的特种部队"哥德曼"的成员，知道"哥德曼"队员个个训练有素，身怀绝技。在担负如此艰巨任务之时，他想到了"哥德曼"，于是联系了"哥德曼"，并将"哥德曼"的队员分布在会议中心的各个重要场所，他们换上了英军普通士兵的服装，手持汤普逊轻机枪和特种微型无声手枪，打扮得像皇家侍卫队。他们机警的眼睛注视着周围的一举一动。

11月30日，丘吉尔的生日宴会如期举行。会场上摆满了鲜花和彩带，到处是喜气洋洋的气氛，大厅的中央有一个特大的圆桌，上面摆放着一个精美的大蛋糕，69支燃烧的蜡烛跳动着欢快的火焰，好像在翩翩起舞。

伴着美妙的乐曲，丘吉尔和斯大林、罗斯福及各国贵宾谈笑着走进大厅。丘吉尔一口气吹灭了 69 支蜡烛，大厅里响起了欢快的生日歌和掌声。人们都沉浸在欢乐之中。

但这时，汤普森和"哥德曼"队员们却紧张万分，一双双眼睛紧盯着那位秘书的一举一动。然而，那位秘书却和人们一起欢笑、鼓掌，似乎没有一点可疑的迹象。不过，机警的特种兵很快就发现了那位秘书似乎对满桌子的山珍海味不感兴趣，好像是有什么心事似的。而且，那位秘书坐在大厅最后一道门边的座位上，可他坐的位子不应该在那里。

这家伙不正常，一位特种兵把手插进宽大的裤兜，悄悄地打开了无声手枪的保险。

一会儿，大厅的南门被打开了，一个身材瘦小的侍者手托着一个大托盘缓缓地走了进来。特种兵们立刻警觉起来，目不转睛盯着那位侍者和他手上的托盘。侍者抬头看了一下周围，他发现有很多犀利的眼睛在盯着自己，不由得害怕，顿时浑身哆嗦起来，结果连人带盘摔倒在一位盟军的将军身边，周围响起一片笑声。

就在这时，灯光突然熄灭，大厅里一片漆黑，人们的笑声也戛然而止。特种队员高喊："抓住侍者！"话音未落，"砰"的一声枪响，人们震惊了，大厅里顿时一片混乱。

灯光随即亮起，在丘吉尔、斯大林和罗斯福身边站满了特种队员，他们像一堵人墙把三位领袖围了个风雨不透。

再看那位秘书，鲜血和脑浆四溅，他的手上握着一把冒着烟的勃朗宁手枪。原来他发现事情败露，自杀身亡。而那位瘦小的侍者，喉咙上插着一根钢针，已经死了。原来特种部队的一位队员在黑暗中抛出一根钢针并准确地刺中了侍者。

事后，经检查发现，在侍者的托盘底下，有一枚烈性炸弹！爆炸时间定在 12 时，在灯灭到灯亮的一瞬间，离起爆时间只差 3 分钟！多险啊！如果特种兵们稍有马虎，或行动迟缓，后果不堪设想。

这位刺杀失败的秘书手里握着的勃朗宁手枪是当时著名的手枪。它的设计者是约翰·摩西·勃朗宁。勃朗宁在枪械领域表现出了惊人的创新才能。勃朗宁一生设计成功的武器多达 37 种。勃朗宁出身于美国犹他州的一个制枪者的家庭，他设计的枪械包括手枪、步枪、机枪，是一位全能型的枪械设计大师。

约翰·摩西·勃朗宁

14 岁的时候，勃朗宁就用手里的材料造了一支相当出色的猎枪，让造了一辈子枪的父亲都称赞不已。勃朗宁兄弟俩都十分热爱武器这一行。老勃朗宁去世后，兄弟俩在父亲留下的产业基础上创办了勃朗宁公司，专门设计、生产、经销枪支。勃朗宁公司起初以设计、生产步枪为主，早期设计过 1873 式杠杆枪机型步枪，曾获得美国发明专利。

在开始设计手枪时，勃朗宁想研制一种自动手枪，但是，怎样才能使手枪获得自动化的能量呢？一天，被高度紧张的设计工作弄得筋疲力尽的勃朗宁，带着自制的猎枪，到奥格登附近的一个沼泽地打野鸭。"砰！砰！"勃朗宁弹无虚发，几个助手忙着收获"战利品"。这时，勃朗宁看见了一片被火药气体吹倒的香蒲叶草，茅塞顿开，惊喜万分："太好了，我找到了使手枪自动化的办法！"于是，他赶快回去做试验，利用枪口火药气体作为能源，成功地制造出了自动手枪。

1895 年 7 月，约翰·勃朗宁来到康涅狄格州的柯尔特武器制造公司，为该公司的董事长和技术专家表演了自动手枪的战斗性能，并同他们达成了协议，决定将勃朗宁自动手枪的生产权转让给柯尔特公司。从此，勃朗宁开始了与柯尔特公司的多年合作，为该公司设计了多种型号的自动手枪：M1900 式，口径为 7.65 毫米；M1902式、M1905 式、M1910 式等，口径扩大为 11.43 毫米。其中，7.65毫米 M1900 式自动手枪因小巧玲珑，精致美观，深受欧洲一些国家军队的喜爱，被比利时、瑞典等国选为军官佩枪，而大威力的

M1911 式自动手枪

11.43 毫米 M1910 式自动手枪则受到了美国军方的青睐，在美军手枪选型试验中夺魁，于 1911 年正式装备部队，命名为 M1911 式军用手枪。该枪采用枪管短后坐原理，结构简单，结实可靠，性能较好。

　　为了进一步提高射击精度，约翰·勃朗宁于 1923 年对 M1900式自动手枪做了改进，由斯普林菲德兵工厂生产，命名为 M1911A1自动手枪。该手枪长 219 毫米，空枪重 1.13 千克，弹匣容弹量 7发，战斗射速 35 发/分，弹丸初速 253 米/秒，有效射程 70 米。因它动作可靠，性能稳定，长期作为美军的制式自卫武器。M1911A1在美军服役达 60 年，日本、挪威等许多国家的军队也将该枪定为正式佩枪，其生产量超过一千万支。

　　第二次世界大战结束后，美国陆军曾对世界上几种著名手枪进行过一次评选试验，参加角逐的有德国的"沃尔特"，日本的"14式"，美国的"柯尔特 45 式"和 M1911A1 等。专家们就手枪的构造、命中率、杀伤力、射速等项逐一打分。结果，M1911A1 以满分独占鳌头，被誉为"军用手枪之王"。

　　20 世纪初，勃朗宁的设计才能被比利时的 FN 公司看中。1897年，FN 公司与勃朗宁签订了合作协议。1899 年，勃朗宁设计了一

　　支口径为 7.65 毫米的手枪，1900 年，FN 公司获得生产特许权并开始制造，命名为 M1900 手枪。该手枪不仅被比利时军队列为制式手枪，还在欧洲广泛销售。

　　1914 年 6 月 28 日，奥匈帝国皇储弗兰茨·斐迪南大公，携妻索菲亚，到已经被其占领六年的波西尼亚首府萨拉热窝访问。街头阳光耀眼，斐迪南大公突然看到不远处一个手举 M1900 式手枪的塞尔维亚青年。这个青年正拿着枪向他瞄准。就在斐迪南大公还没有来得及做出反应之际，"砰"的一声枪响，塞尔维亚青年普林西斯已经扣动了扳机。这就是世界历史上著名的萨拉热窝事件。第一次世界大战，由此被一个年轻人用勃朗宁发明的一支小巧的自动装填手枪点燃。

　　1922 年，勃朗宁设计了他一生中的最后一支手枪。1926 年勃朗宁在比利时去世。这种手枪由他的学生赛维进行改进与完善，1935 年被比利时军队采用为制式，枪的口径为 9 毫米，被命名为 M1935 勃朗宁大威力手枪，又称 GP35 式，GP 意为大威力，随后被欧洲、亚洲许多国家采用。到 20 世纪 50 年代中期，先后有 55 个国家的军队和警察列装了 9 毫米 M1935 式 FN 勃朗宁大威力手枪。至今，这种手枪仍在不少国家服役，是世界枪坛上享有盛誉的枪种，其结构原理和设计思想对许多国家的手枪设计产生了重要影响。这种手枪的一大特点就是弹匣结构，枪弹双列交错排列，其容弹量高达 13 发。弹药主要是 9 毫米巴拉贝鲁姆自动手枪弹。

　　在中国革命中，也有很多党的领导人使用过勃朗宁手枪。

12　　　　　　　佩有军衔的手枪

◇ ················

　　乔治·S·巴顿将军（1885—1945）是第二次世界大战时期世界上最著名的美国将领之一，只要一提起巴顿的名字，人们的脑海里无不出现一个英勇、威严、暴躁、善战的典型军人和司令官形象，他是一位统率大军的天才，并且特别擅长进攻、追击和装甲作战。他是西点军校毕业的高才生，对战争和兵器发展史有着深刻的理解。他认为，在战斗中一定要佩戴军衔标志，不佩戴军衔标志就不能指挥作战，不能怕佩戴军衔标志给敌方的狙击手和火力点提供打靶目标而不佩戴军衔。巴顿说："一名指挥官应该在部队前面指挥士兵，即使战死也在所不惜。但士兵们一定要知道谁是他们的指挥官。如果你不佩戴军衔标志的话，他们就会对你熟视无睹，这样是不能指挥打仗的。"他在给妻子的信中写道："虽然我有这样那样的缺点，但毫无疑问，我是一名非常优秀的军人。"他还告诉妻子，有一首坦克旅的歌曲，其中唱道："我们跟着旅长穿越地狱，打到敌人那边去。"

　　奉行"狭路相逢勇者胜"的巴顿，在战场上经常亲驾坦克、吉普车冲在一线。他以"军人因奋勇向前而死的概率远远小于被动防御而亡概率"的观点，赢得了一次又一次战役的胜利。所以，只要巴顿出现在战场上，他一定会戴上标有三星中将符号的头盔，身上穿着挂有三颗银星的军装。在他传奇的一生中，随身始终带着一支做工精美的柯尔特转轮手枪。这支手枪是在陆军型转轮手枪的基础上进行精美雕刻并配以象牙握把的豪华工艺手枪。这支手枪在巴顿腰间从北非转战到欧洲，见证着战争的转折和结束，它也成为了巴顿力量的象征。

　　为了更加规范，巴顿还特地给他的手枪安了三颗银星，这是美国军队中第一次授予一把手枪三星中将军衔。巴顿刻意给自己培养华丽而独特的形象，他相信这能够激励自己的手下。他佩带华丽的象牙转轮手枪，头戴擦得发亮的头盔，脚穿骑兵高筒靴，身上不是礼服就是马裤。最富传奇色彩的是，巴顿将军还把他心爱的红皮座椅拧在了吉普车上，并在车身上漆着自己的将星，装上高音喇叭和报警器，宣布他的远道而来。吉普车从北非一直开到欧洲，招摇过市，喧嚣了整个战场，而这段经历可是在当时的战场上无人不知，无人不晓的。也正因为如此，使得第二次世界大战期间的盟军部队里，许多将领在自己使用的吉普车的前保险杠上，喷有红底白星的军衔标志，来表示自己的身份。从那以后，巴顿将军标志性的形象就是：站立在他标有三颗银星的吉普车上，腰间挎有三颗银星的中将军衔手枪，在前线四处奔波。吉普车所到之处，士兵们都向他立正敬礼，并对他欢呼，同时也对将军的手枪致敬。

13 抗日名枪盒子炮

◇ ....

　　在德国南部巴登符腾堡州风景秀丽的内卡河畔，有一个古老的小城镇，叫奥本多夫，这个小镇自 19 世纪末至 20 世纪初，曾因为生产著名的毛瑟枪而闻名世界。

　　说起德国毛瑟手枪，年轻人可能不熟悉，但是，提起电影《平原游击队》中手拿双枪的李向阳打灭伪军电筒，《铁道游击队》中刘大队长的纵马持枪解救同志，《红色娘子军》里的吴琼花一枪打伤南霸天，《回民支队》里的马本斋击毙叛徒，《在烈火中永生》里的双枪老太婆手举两支盒子炮，以及在热播电视剧《亮剑》中，八路军团长李云龙和晋绥军团长楚云飞用毛瑟手枪在酒楼中把几十个鬼子汉奸瞬间打倒在地的场景，大家应该还印象深刻吧。他们所用的手枪就是德国制造或我们国家仿制的毛瑟手枪。

影片中手拿双枪的李向阳

毛瑟枪是一代名枪，它有步枪和手枪两种，在当时都赫赫有名。在早期的军用手枪中，毛瑟手枪名气最大。毛瑟手枪型号很多，最早的一种并非毛瑟本人发明，而是在毛瑟兵工厂工作的费德勒三兄弟设计的。1895 年制造出了 7.63 毫米自动手枪样枪。保罗·毛瑟对费德勒兄弟的发明给予了热情的鼓励和支持，并亲自组织试验。试验成功后，1896 年以厂主毛瑟的名义向德国、英国等 12 个国家申请了专利。该枪被命名为 1896 年式毛瑟手枪，又称 C96 式毛瑟手枪。

这是世界上第一支真正的军用手枪，它威力大、火力强，对手枪的发展产生了重要影响。毛瑟手枪采用枪管短后坐式自动方式，首创空仓挂机机构，使手枪的结构更趋完善。该手枪长 288 毫米，口径 7.63 毫米，重 1.24 千克，20 发弹匣供弹，子弹初速每秒 425 米，射击方式为单发和连发，有效射程 50～150 米。该手枪具有威力大、动作可靠、使用方便等优点，广泛流传于世界许多国家。

随后，毛瑟兵工厂以 C96 式手枪为基础，不断进行技术改进，研制生产了 1897 年、1898 年、1899 年、1912 年、1916 年、1932 年式等多种型号的自动手枪。德国、意大利、俄国、土耳其等很多国家的军队都装备了毛瑟手枪。1932 年，该枪配有一个木质枪套，可抵肩射击，最大射程900米。

1898年，有一位年仅24岁的骑兵连长在非洲苏丹恩图曼大平原沿河行军时，被手持长矛的土著人包围。他的士兵使用的都是马刀，结果死伤惨重。这位连长见状拔出手枪就打，将一个土著人击倒。随后，他又换上一个10发弹匣，连连射击，才冲出重围。这个年轻人就是后来的英国首相丘吉尔。他本应和士兵一样佩带马刀，但由于他的肩部关节脱位，举刀用不上劲儿，只好花高价买了一支手枪，这支手枪便是毛瑟手枪。四十多年后，丘吉尔当上英国首相，成为第二次世界大战中的三巨头之一。在那次战斗中，丘吉尔如果也用马刀而没用毛瑟手枪，恐怕早成了土著人的刀下鬼。

著名的抢渡大渡河的17位勇士、飞夺泸定桥的22位勇士在突击行动时，便每人配备了一支冲锋枪或毛瑟手枪。因为这些执行特殊任务的部队对火力的需要是很强的，毛瑟手枪的20发装弹量，每分钟40发的射速都可以满足实战的需要。八路军、新四军武工队员的标准装备就是一把盒子炮、两颗手榴弹，连毛泽东也戏称：老百姓好认我们，我们盒子炮背得多！

朱德在1927年8月南昌起义时就使用过一支德国制造的毛瑟手枪，当年，这把手枪被系上了红飘带，增添了大战前的威武和英气。8月1日南昌起义后，朱德在这把手枪上，刻上"南昌暴动纪念 朱德自用"十个大字，以示对这一具有伟大历史意义事件

朱德的手枪

的纪念。此枪现存于中国人民革命军事博物馆，系毛瑟兵工厂1899—1902年的产品。

一般情况下，男女间的定情物通常是钻戒、珠宝等首饰，但孙中山先生当年送给夫人宋庆龄的定情物，却是一把装有 20 发子弹的手枪。据负责管理宋庆龄北京故居的宋庆龄基金会的同志说，这把手枪是毛瑟手枪，是 1915 年孙中山与宋庆龄在日本结婚时，由孙中山送给宋庆龄的结婚礼物，也算是定情物。当时孙中山告诉宋庆龄说，枪里的 20 发子弹，19 发用来打敌人，最后 1 发留给自己。宋庆龄终生珍藏着这把手枪，直到 1981 年逝世。2011 年 2 月，台北孙中山纪念馆举办"孙中山与宋庆龄文物特展"时，也曾展出这把手枪。

20 世纪初，国外各种手枪大量涌入中国，外观和功能都不错的毛瑟手枪最具竞争力。清朝末年，袁世凯在小站训练的新军即装备了毛瑟手枪。清王朝灭亡后，各地割据军阀想方设法进口各种武器，木盒枪托的毛瑟手枪进口达几十万支。它不仅可以作为军官佩带的自卫武器，还能改装成骑兵用的马枪，或当步枪使用。当年，大威力的毛瑟手枪在中国使用的广泛程度，是其他国外枪械望尘莫及的。毛瑟手枪很贵，据说世界上没有任何一个国家把毛瑟手枪作为大量普及的正式装备，而当时贫穷的中国却购买了大量的毛瑟手枪，是使用这种手枪的大户，各路军阀纷纷购买毛瑟手枪装备自己的部队。在当时，拥有一支毛瑟手枪是令人骄傲的，即使是一个仿制品。中国最早仿制毛瑟手枪的是汉阳兵工厂。1921 年，上海兵工厂、沈阳兵工厂也开始仿制毛瑟手枪。

毛瑟手枪配有一个木头盒子枪匣，所以也被称为盒子炮，我们中国叫"驳壳枪"就是 Box Cannon

配有木头盒子枪匣的毛瑟手枪

的音译，此外还有"大肚匣子枪"、"二十响"等叫法。

1927—1937 年，蒋介石聘请的外国军事顾问主要来自德国。这个顾问团由德国将军带领，一共有 70 人。他们都是毛瑟手枪的爱好者，在他们的鼓动下，德国 7.63 毫米毛瑟手枪和手枪子弹很快成了国民党军队的制式装备，德国奥本多夫毛瑟兵工厂成为中国最大的军品供货商。

抗日战争爆发后，与日本结盟的德国停止了向中国供货。于是，中国的许多兵工厂开始仿制和生产毛瑟手枪。其中，上海、巩县等兵工厂仿制的 98 式毛瑟手枪尤其受到中国军民的喜爱。该枪枪框左侧有一个快慢机，将旋钮旋至"N"时为单发，旋至"R"时为连发，将木质枪套结合在握把处，便可抵肩射击，成为冲锋手枪。

木质枪套结合在握把处的毛瑟手枪

在战乱的旧中国，无论军阀、土豪，还是共产党领导的军队，对使用的武器都有所选择，只有毛瑟手枪例外，受到各派的喜爱。中国人不仅喜爱毛瑟手枪，还发明了一种效果很好的毛瑟手枪射击术，即射击时把枪身旋转 90 度，使连发的弹头在水平面上形成散射，这要比枪口上挑有利得多，可以当冲锋枪用。就是这么简单的一转，欧美人却没有想到。欧洲有一份文献上说："可以坦率地说，毛瑟手枪只有在中国才得到如此广泛的应用，也只有在中国，这种轻型武器才取得真正丰富的实战经验。"

14 阿伯丁试验场的手枪竞争

◇ ·············

在美国东海岸马里兰州的阿伯丁平原深处，有块面积达几百平方千米的军事区域，被称为"美国陆军兵器试验场"，从 1898 年美西战争到 1991 年的海湾战争，美国陆军所使用的大多数常规武器，都是在这里经过严格的测试后，才能正式批准列装部队。可以说，阿伯丁是美国陆军装备奔向战场前的最后一关。阿伯丁是美国陆军历史最悠久的试验场，它负责美军常规武器的试验与鉴定工作，是世界著名的试验鉴定中心，阿伯丁试验场被誉为美国陆军军械的"助产士"。

目前，美国陆军的机器人士兵、无人飞机、智能地雷、轻型特种突击车等高技术含量的兵器在装备部队之前，都要经过阿伯丁试验场的测试。随着时间的推移，阿伯丁逐渐变成一个容纳世界各国、各时期陆战武器的陈列馆，被军事爱好者私下称作阿伯丁陆军武器博物馆。

在这里，数百辆战车呈方阵整齐停放在旷野里，据说，欣赏这些战车需要开吉普车才行。一条黄红黑的"三色狗"是阿伯丁试验场的场徽，它的嘴里叼着一辆咬碎的坦克，下面写着一行英文："你们制造，我们破坏。"三色狗是阿伯丁试验场信誉的象征。

在维系步兵生存与战斗的基本装备中，枪械是直接影响战斗力的首要装备，可以说，战争的历史就是枪械革新的历史。我们在本书中介绍的各种手枪、步枪、突击步枪、榴弹发射器等武器都在阿伯丁试验场经历过考验。

20 世纪 80 年代，M1911A1 手枪与现代技术的新型手枪相比，已经有些落伍。特别是部队中不断增加的女兵反映最为强烈，她们认为 M1911A1 大而笨重，甚至握持都很困难，强烈的后坐力更是让人受不了。1984 年，美国军方做出换装 9 毫米手枪的决定。于是，一场世人瞩目的手枪大竞争、大搏斗在美国马里兰州的阿伯丁试验场拉开了序幕。

为了夺取美军制式装备，真是八仙过海，各显其能。当时，参加选型的公司有：美国史密斯·韦森公司、柯尔特公司、德国 HK 公司、意大利伯莱塔公司、瑞士工业公司等。选型试验设置了各种十分恶劣的环境，以考察手枪在极热、极冷、风沙、浸水、浸泥等条件下的性能。经过几个月的激烈角逐，谁也没有想到，最后中标的是意大利伯莱塔公司的 M92F 手枪。该枪以其优良的性能名列前茅，被美国三军轻武器规划委员会选中。

大家看过电影《英雄本色》吧，其中周润发饰演的小马哥手里拿的就是伯莱塔 92 系列手枪。M92F 手枪在技术上确有不可争议的优势。它的准星和表尺上有荧光点，即使在黄昏和能见度不良的情况下，也能迅速瞄准射击；弹匣容弹量 15 发，特设一个指示器，可显示膛内是否有子弹以及弹匣剩弹情况；设有双侧手动保险、击针自动保险和阻隔保险三种保险装置；弹匣卡榫设在扳机护圈后面，左右手均可十分快捷地更换弹匣；全枪外表面喷涂四氟乙烯，不仅耐腐蚀，而且握持时手感舒适；采用新材料，内膛镀铬，预期使用寿命达到 1 万发，美军要求不少于 5000 发；平均故障率低于 0.2%，一般 2000 发才出现一次，当时美军要求 495 发一次。该枪采用枪管短后坐自动方式，全枪长 197 毫米，枪管长 109 毫米，内有 6 条右旋膛线，初速 390 米/秒，空枪重 0.98 千克，装满弹匣后枪重 1.1 千克。

伯莱塔公司用八个"最"来形容这种手枪：最佳的随身武器，最好的指向性，最可靠的机构动作，最安全的使用性能，最可信赖的火力和射击精度，最方便的勤务性能，最舒适的携带与握持感觉，最美的外观。尽管伯莱塔公司有自夸之嫌，但 M92F 的确是一种性能优异的手枪。

意大利伯莱塔 M92F 手枪

手枪比赛结束后，在美国引起一场轩然大波，因为一个世界超级军事大国不选用自己国内的产品，却用别的国家的手枪作为制式装备，这太不靠谱了。美国的几家厂商愤愤不平，他们强烈要求再次进行选型试验。但美国军方坚持认为评选是公平的。1985 年 4 月，美国与意大利伯莱塔公司签订了 315930 支枪的 5 年供货合同，

M92F成为美军新一代制式手枪，并命名为M9手枪。

意大利伯莱塔公司的董事们兴高采烈，从与美国的合同中他们不仅可以赚钱，更重要的是，这份合同的名声是多少钱都买不来的。伯莱塔M92F手枪一下子获得了"世界第一枪"的美誉。

继美国陆军之后，美国空军、海军、海军陆战队和海岸警卫队也决定采购M92F手枪。英国、法国、德国的大批订单也飞向伯莱塔公司。

在这场选型试验中，名列第二的是瑞士工业公司研制开发的9毫米P226手枪，虽因价格等原因未被美军选中，但也一下子身价百倍，成为世界手枪家族的佼佼者之一。现在被许多国家的保安部队广泛采用。

奥地利9毫米格洛克手枪、以色列9毫米乌齐手枪也都是西方国家现役的手枪精品。格洛克17、格洛克18手枪尤其受到美国警察青睐，它占领了近1/2的美国警用手枪市场。格洛克手枪采用独特的内藏式保险（主要包括枪机保险、击针自动保险、不到位保险等），取消了手动保险，全枪40%的零件采用最新的工程塑料，枪重大幅度减轻，只有0.636千克。格洛克18既可作为个人自卫武器，也可加上枪托作为战斗型冲锋手枪，弹匣容弹量分别为17发、19发和33发，对付应急事件火力较强。它的突出性能不仅吸引了各国军警，也吸引了国际黑社会组织。在售出的格洛克18中，相当一部分落入黑社会组织，所以有人称格洛克为"黑枪"。

格洛克是一种不用钢材和木材的枪。它用塑料代替木材，用铝合金材料代替钢铁。格洛克17全枪37个零件中，有16个采用了塑料件。如套筒座、弹匣体、发射机座等，不仅重量轻，而且造型美观、造价低、便于维修（只要更换零件即可），结实耐用。经过10吨重军用卡车碾轧过后，没有丝毫损坏，拿起来仍然可以立即射

奥地利格洛克18手枪配33发大容量弹匣

击。该枪适用于各种恶劣环境，性能可靠。经过诸如冰冻、风沙、烂泥等环境试验后，仍可射击。它还能在水中射击，可供蛙人在水下应急使用。由于握柄是塑料的，在一些寒冷地区的冬季，即使不戴手套，也可安全使用。有趣的是，早期的格洛克17手枪在通过海关和机场的 X 光检查时，不易被发现。后来，制造厂家不得不将显影剂混入塑料中，以利于机场安检时发现，防止恐怖分子用此枪进行恐怖活动。

15 苏联枪械设计大师卡拉什尼科夫

◇ ....

从 20 世纪 50 年代起，AK 步枪成为苏联及华约国军队装备的主要轻武器。AK 步枪的设计者就是卡拉什尼科夫。卡拉什尼科夫先后设计出了 7.62 毫米的 AK－47/AHM 和 5.45 毫米 AK－74 两个枪械系列，他被轻武器界尊称为"世界枪王"。

卡拉什尼科夫于 1919 年 11 月 10 日出生于苏联阿尔泰边区的库里亚镇。1938 年，19 岁的卡拉什尼科夫应征参加了苏联红军。1941 年秋天，一个漆黑的夜晚，苏军第一坦克集团军与德军坦克群在布良斯克展开激战。卡拉什尼科夫是一辆 T－34 坦克的车长，他揭开坦克顶盖，察看战场情况。突然，一片弹片飞来，击中卡拉什尼科夫的右肩，随后卡拉什尼科夫便失去知觉，被送进了医院。

住院期间，卡拉什尼科夫和病友们经常谈起战场上的情况。一位被打断腿的红军战士说："我们用单发步枪对付法西斯的冲锋枪，这怎么受得了?"

　　"我们也应该有超过法西斯的步枪和冲锋枪。"

　　说者无意,听者有心。一直对机械、武器设计有着特殊兴趣的卡拉什尼科夫躺在病床上陷入了沉思:我应该为红军设计一种新枪,为伟大的卫国战争做点贡献。他找到医院管图书的管理员,请求把有关轻武器的书刊借给他阅读。图书管理员很快给他抱来一大摞,其中有一本1939年出版的《轻武器的演进》,是苏联自动武器理论创始人之一费德洛夫的著作。从这本书中,卡拉什尼科夫获得很多轻武器研制方面的知识,从此,他立志要为祖国设计更好的轻武器。这时,卡拉什尼科夫年仅22岁。

　　经过刻苦钻研,卡拉什尼科夫于1942年设计出一种冲锋枪,并赴阿拉木图参加了苏军装备规划委员会组织的选型试验。卡拉什尼科夫的冲锋枪虽然名落孙山,但这位23岁年轻人的创造才能引起了一位大人物的注意,他就是苏联轻武器权威布拉贡拉沃夫中将。布拉贡拉沃夫是主管苏军装备规划的关键人物,他认为卡拉什尼科夫的发明中蕴藏着罕见的独创性,并指示:"对这位天资甚高、自学成才的人,最好送入技术院校深造。他会成为一个出色的设计师。"

　　卡拉什尼科夫经过正规的工程理论和技术训练后,就不再回坦克部队了,他被分配到昂斯克轻武器试验场,担任技术员工作。

　　1944年春,一种M43新式枪弹引起了卡拉什尼科夫的极大兴趣,他立即根据新枪弹研制自动步枪。不久,一个设计新颖、富有独创性的突击步枪方案问世了。苏军总军械部很快批准了设计方案,并决定让设计师卡拉什尼科夫赴国家靶场参加选型试验。

　　候选枪共有三支,另外两支枪的主人是名气已经很大的苏联著名轻武器设计师什帕金和捷格佳廖夫。他们都来到莫斯科郊外的国家靶场。最后，总军械部代表杰伊金中校宣布选型试验的结果：卡拉什尼科夫设计的自动步枪取胜。

卡拉什尼科夫是一个幸运者。在国家靶场的日子里，他不仅在选型试验中取胜，还成功地征服了一位少女的心，她的名字叫卡佳。

1947 年，卡拉什尼科夫设计的自动步枪被确定为苏军制式装备，命名为 AK－47 型突击步枪。A 是俄语自动枪的意思，K 则是他的姓氏。AK－47 步枪的口径为 7.62 毫米，装有木质固定枪托或金属折叠枪托，枪托下装有 30 发弧形弹匣，既可单发射击，又可连发射击。枪长 869 毫米（枪托折叠时枪长 645 毫米），枪重 4.3 千克（不含子弹重），弹头初速度为 710 米/秒，有效射程 300 米。该枪以火力猛烈、结构简单、坚固耐用著称，即使在风沙、泥水等恶劣环境下也能正常射击。

卡拉什尼科夫手持 AK－47 型突击步枪

1959 年，卡拉什尼科夫针对 AK－47 使用过程中暴露的一些缺点，又推出改进型 AKM。AKM 增加了枪口防跳器，解决了连发射击时的跳动问题，提高了射击精度。同时，AKM 采用了塑料弹匣和钢板冲压机匣，枪重减至 3.15 千克，比 AK－47 轻 1.15 千克。此后，以 AK－47 为基础，逐步发展成了一个枪械系列。AK－47 系列构造简单、可靠、耐用，能够在极端天气条件下作战。这是西方轻武器无法想象的事。美国人是这么评论的："卡拉什尼科夫造出的步枪跟德国枪十分相似，使用几乎一样的子弹，但却是德国人永远也造不出来的。他造的枪，猴子都可以拆卸，里面即使进了砂石也照样能用，甚至被坦克碾过也不会坏。这简直难以置信。"因此，AK－47 被认为是 20 世纪最成功的枪械系列之一。

一次，一位记者请卡拉什尼科夫将自己的步枪与美国著名的 M16 步枪做一个比较。卡拉什尼科夫对他说："我的枪可靠、耐用、很轻，不论谁都会使，因为它构造简单。你可以把它放入水中几个星期，然后把它从水中拿出来，给它上膛，就能'哒、哒、哒'地射击。给你一支 M16，你就不可能这样，它会生锈、卡壳，因而不能使用。"

在越南战争期间，美国士兵在战场上见到 AK－47 时，往往会丢掉手中的 M16 而拾起 AK－47，因为 M16 太过娇气，故障频频。

卡拉什尼科夫自动步枪最初是为苏联红军设计的，然而，令它获得殊荣的却是在争取民族独立的那些国家，它成了民族解放斗争的象征。首先是在越南，手持这种步枪的越南人使美国人在战争中吃尽了苦头。后来，非洲的一些国家，中东、南美和东南亚的一些国家也使用了这种武器。真是哪里有战争，哪里就有 AK－47 的身影，AK－47 无所不在。在苏联，许多战士常常哼着歌颂"卡拉什大伯"的歌曲，还有一些战士把他的昵称作为他们儿女的名字。

AK－47 常常被一些恐怖分子使用。美国就发生过用 AK－47 抢银行、在校园杀人的事件。AK－47 在西方的小说、影视作品、游戏中往往成为恐怖分子的代名词。

到了 70 年代，小口径步枪浪潮席卷全球，卡拉什尼科夫和他的同事们又投入到小口径步枪、轻机枪的研制工作中，经过 7 年的努力，研制出了 5.45 毫米 AK－74 小口径自动步枪和轻机枪，并于 1974 年装备苏军，定型为 AK－74 和 RPK－74 轻机枪。这种枪以步枪为基础，使用短枪管，将枪折叠起来就成了冲锋枪，如果加上长枪管，架上支架就成了轻机枪。这种枪族的主要优点是步枪、机枪的主要零部件可以互换，"一枪多变，多枪合一"，便于训练，便于使用，便于后勤保障。这样，卡拉什尼科夫再次走在了世界枪械设计的前列。

苏联 AK－74 型突击步枪

卡拉什尼科夫被誉为俄罗斯自动步枪之父，他是当代最具影响力的枪械设计大师之一，曾被苏联授予"劳动英雄"称号，三次荣获列宁勋章和十月革命勋章，相继担任苏军最高苏维埃代表。虽然没有念过大学，但卡拉什尼科夫后来却成为俄罗斯科学院院士，并获得技术科学博士头衔。他还担任了苏联轻武器设计局局长，稳稳地登上了苏联轻武器研制领域的金字塔顶。他亲自设计和领导设计的 AK 系列枪被称为冠军级武器，享誉全世界，出口几十个国家，总生产量超亿支，居世界之首。

1994 年 11 月，俄罗斯总统叶利钦带着国防部长格拉乔夫前往西伯利亚阿尔泰边区的库里亚镇，亲自参加为卡拉什尼科夫举行的 75 岁盛大祝寿典礼，足见卡拉什尼科夫的威望之高。

1999 年 11 月，他被授予中将军衔。2002 年年底，卡拉什尼科夫与德国 MMI 公司签署了一份商业合同，授权这家公司使用"卡拉什尼科夫"这个名字作为商标生产雨伞、啤酒、匕首等系列产品，卡拉什尼科夫本人可从销售利润中提成 30%。

卡拉什尼科夫步枪的设计不仅是枪械技术的发明，还是人类重要的技术进步。法国一家出版机构的研究成果显示，20 世纪重要发明排名中，卡拉什尼科夫系列自动步枪先于阿司匹林和原子弹等。不少国家青睐卡拉什尼科夫步枪到了难以想象的程度。AK－47 在很多动乱国家似乎进入失控状态。利比亚的一名官员说："AK－47 最便宜的时候 100 美元一支，手枪 50 到 80 美元不等，家里已经有了 4 支，价格又不贵，世道这么乱，防患于未然吧。"

2013 年 12 月 23 日，卡拉什尼科夫在俄罗斯乌德穆尔特共和国伊热夫斯克病逝。

16　美国枪械设计大师尤金·斯通纳

◇ ·····················

　　尤金·斯通纳设计的美国 M16 系列步枪举世闻名。世界上已经有 54 个国家的军队装备了 M16 系列步枪，总量达 1000 万支之多。

　　斯通纳 1923 年 11 月出生在美国印第安纳州的一个土著居民家中，孩童时迁居加利福尼亚州。年轻的斯通纳的梦想是成为一名飞机设计师，后来他还学会了驾驶飞机。1940 年，中学毕业后的斯通纳进入维加飞机公司，后来并入现在的洛克希德·马丁公司工作。第二次世界大战爆发后，他参加了海军陆战队的航空队。不过可惜的是，他没有机会驾机作战，因为他只是一名地勤人员。战后，他先后在几家飞机公司工作。斯通纳心灵手巧并且勤奋好学，很快就掌握了各种机械的操作，并利用业余时间刻苦攻读，学习了工程和机械制图等大学课程。1954 年，美国仙童发动机和飞机制造公司的阿玛莱特分公司创建，斯通纳被聘为该公司的总工程师，开始了枪械设计。

1955年，斯通纳设计出了AR－10自动步枪，该步枪在工作原理和结构安排上有许多独到之处，大量使用轻合金和非金属材料等。AR－10虽然未被列入部队的正式装备，但被公认为是第二次世界大战后出现的几种引人注目的自动步枪之一。不久，斯通纳应美国空军之邀，为飞行员设计出一种救生步枪。空军的要求是：重量轻、尺寸小，结构简单，具有一定威力，供飞行员在特种条件下自救或自卫。当时，枪械理论界已开始探讨小口径步枪的可行性。所谓小口径，是相对于先前通行的步枪口径而言。19世纪之前的火绳枪、燧石枪，口径一般在12~23毫米之间。无烟火药代替黑火药后，步枪口径才缩小到8毫米以下。1953年12月，7.62毫米被北大西洋公约组织确定为制式步枪的标准口径。20世纪50年代中期，人们又提出研制小于7毫米的小口径步枪。斯通纳在保留AR－10步枪基本结构不变的情况下，将原来的7.62毫米口径缩小为5.56毫米，同时把AR－10外层为铝、内层为钢的枪管改为全钢枪管，取名为阿玛雷特AR－15，于1958年向世界推出了第一支小口径步枪。AR－15步枪一出现，不仅受到美国空军的欢迎，陆军也十分感兴趣，美国国防部专门组织人员进行了试验鉴定，批准列入制式装备，于1960年命名为M16步枪。

美国M16自动步枪

M16 步枪质量轻，携带方便。M16 全枪长 991 毫米，枪重 3.1 千克，使用枪弹的重量是 NATO 枪弹的 1/2，在单兵负荷相等的情况下，携带量大大增加。它的弹丸初速高，动能大。M16 弹丸初速达 991 米/秒，有效射程 400 米。因为 M16 的枪托、护木均呈黑色，便被称为黑枪，黑枪的小子弹能打出大洞。弹丸命中有生目标后，便翻滚、变形、破碎，造成的弹道容积比普通弹大 50% ~ 80%。该枪后坐力小，易于控制，有利于提高射击精度。另外，生产 1 亿发小口径枪弹，比生产同样数量的 7.62 毫米枪弹少用 1000 吨金属，所以它节约了材料，可大幅度降低生产成本。

美国 M16 系列步枪

但是，在越南战争初期，M16 常常遭到美军士兵的抱怨，原因是这种枪故障率较高，在恶劣气象条件下，易发生不抛壳等故障。美国随军记者从前线发回的报道说：越南战场上的美国士兵，只要缴获了 AK - 47 步枪，便毫不犹豫地将手中的 M16 扔掉。

后来，斯通纳进行改进，把枪管内腔镀铬，换用重新设计的缓冲器，解决了枪膛锈蚀和不抛壳等问题。另外，M16 还装上了 M203 榴弹发射器，可发射 40 毫米榴弹。1967 年 2 月，改进型被命名为 M16A1，该枪在丛林地带作战中显示了其优越性。特别是小口径枪弹的特殊威力，曾令人谈黑色变。从 1969 年起，美国陆军和海军陆战队全部换装 M16A1 步枪。此枪还出口到 20 多个国家，生产量超过 450 万支。

斯通纳在 20 世纪 80 年代初又研制出 M16A2。它在外观上与 M16A1 相似，但几个主要部件有很大差异：加固了机匣枪托，增加三发点射的连发控制器，命中概率提高，枪管加粗加重，刚度增强，更利于持续射击。加装可以减震的枪口消焰器和激光瞄准装置，改用 SS109 北约标准步枪弹，增大了射程和威力。在阿伯丁试验场上，它在 800 米的距离上，能击穿简易避弹衣，在 100 米的距离上，可穿透 3.5 毫米厚的钢板，在 130 米的距离上，可击穿美国 M1 钢盔。

1982 年，美国海军陆战队率先采用 M16A2。1984 年，美国陆军大批换装 M16A2。此枪随美军参加了海湾战争，为世人所瞩目。目前，约有四五百万支 M16A2 在世界十几个国家的军队中服役。

斯通纳还是一位富有幻想和创新意识的枪械设计师。斯通纳在军队服役时，知道军队装备的各种枪和弹药很繁杂，步枪、冲锋轻机枪和重机枪的零件和枪弹都无法通用。这样，打起仗来就非常麻烦，各种规格的枪弹都得运上前线，少了哪种枪弹，哪种枪就成了废物。有一天，斯通纳送孩子去幼儿园，他看到几个孩子在玩积木游戏，便驻足下来，满怀兴致地观看起来。孩子们的小手十分灵巧，简单的积木块魔术般地变换着花样，一会儿搭成房子，一会儿搭成汽车，一会儿又变成了飞机……斯通纳不禁拍手叫好。他的目光久久凝视在那些形状不同的木块上，突然来了灵感，就这么简单的几种积木块，却能在短时间内组合成式样繁多的物体，枪械是否也可以仿效呢？

斯通纳的脑海里已形成了一幅蓝图：以一种枪的基本部件为基

础，换用不同枪管、枪托等部件，像搭积木一样，组成机枪、冲锋枪、步枪……他从幼儿园回来后，立刻在武器实验室展开了试制工作。经过几个春秋的艰苦努力，终于在1963年设计制造出了一套积木枪械。这套枪以M16步枪为基础，只要更换部件，就可以像搭积木一样，组成6种枪。在美国匡蒂科举办的一次轻武器展览会上，这套积木式枪械引起参观者的极大兴趣。人们把这些枪称为斯通纳枪族，这些枪受到美国军方的高度重视。美国海军陆战队司令瑞恩兴致勃勃地观看了斯通纳和助手的表演：在很短的时间内，就可用几种基本通用部件和一些专用部件，分别组装成自动步枪、冲锋枪、弹匣供弹机枪、弹链供弹机枪、车用机枪和带三脚架的中型机枪。瑞恩还操起枪族的6种武器亲自进行了试射，对斯通纳的巧妙设计赞不绝口。斯通纳枪族的好处是便于大量生产，有利于战时后勤供给和维修保养。在激烈的战斗中，一种枪的零部件损坏了，可以拆下其他枪的零部件使用。枪的战斗性能可以根据需要随时进行改变，几分钟内便可将步枪改装成轻机枪，使火力增强几倍。这成就了枪族变形金刚。

美国 M16A4 的可选配件

17　　　　　　　　　　　两个枪王的握手

◇ ⋯⋯⋯

　　AK－47 与 M16 在战场上交锋了几十年，可是身处两大对立阵营的设计师却多年无缘相见。卡拉什尼科夫和斯通纳都是具有独立个性的强者。

　　斯通纳性情直爽，富于想象，酷爱大自然和一切新鲜事物。他经常到国外考察和旅游，足迹几乎踏遍了五大洲。他功成名就后，仍然继续潜心于轻武器的设计和试验。他是阿雷斯公司的董事长兼总工程师。这个公司专门担负枪炮和弹药的研制任务，负责试验新样品。斯通纳每年的收入包括薪金、股息、专利和特许生产所得，其总额已逾千万。他平时居住在距公司一千英里之外的佛罗里达州的一个小城镇，在那里，他拥有一套私家豪华住宅，后院的草坪上可以直接起落直升机。翠绿的草坪上，不时有野生动物光顾，与斯通纳一家和睦相处。工作之余的斯通纳，常常漫步在湖光山色中，怡然自得。

卡拉什尼科夫的情况则有所不同，他性格冷峻，不苟言笑，平日深居简出，很少与外界来往。尽管他曾经是苏联最高苏维埃代表和国家轻武器设计局局长，但他仍然继续在军工厂里工作。1995年，他每月只领取100万卢布的工资。他说："我是共产党员，我现在太老了，不能改变信念了，对我们苏联人来说，共产主义支配着我们一生中的所有时候。你怎么能像变魔术一样把半个多世纪受的教导一下子抹掉呢？"他一直居住在莫斯科闹市的一个普通公寓里，过着俭朴而有规律的生活。1990年，卡拉什尼科夫退休，儿子B.卡拉什尼科夫则子承父业，接任局长。他也是枪械设计师，与别人合作设计的BIZON微型冲锋枪采用螺旋式弹匣，也很有名。退休后的卡拉什尼科夫偶尔也出现在公共场合，但更多的时候则是埋头于图纸和书籍之中，继续发挥着自己的余热。

虽然两位大师的生活方式不同，但他们对于事业和成功的见解却是惊人的一致。斯通纳认为，个人的才能和努力是成功的基本条件，但还需要有合适的工作岗位，要有独具慧眼的领导和真诚合作的同事，另外还要抓住机会和大胆冒险。卡拉什尼科夫则多次表示："我的成功主要是靠领导的信任和周围同志们的帮助，我在技术上是学徒工，如果没有合适的外部条件，我可能至今一无所成。"斯通纳认为，一个好的设计师一生都不应该离开绘图板，而且还应亲自操作机器，参加试制样品枪炮，而卡拉什尼科夫更是身体力行，几乎每一种新武器的设计和试验，他都亲自动手或到场，直到取得最后结果。正是他们这种对事业的强烈热爱和不懈追求，才结出了今天的丰硕之果。

1990年秋，在全球化的大背景下，卡拉什尼科夫第一次踏上了美国的国土，和M16的设计师进行了会晤。两位40多年来一直互为竞争对手的枪械设计大师，在经历了整整一个时代后，梦幻般地走到了一起。他们都激动万分，会谈结束后，两位大师在基地指挥官的建议下，互相用对方设计的步枪射击并合影留念。

卡拉什尼科夫与斯通纳

18　以色列冲锋枪设计大师乌齐

◇ ....

　　如果有人问："当代现役冲锋枪中，哪一种经受的战火考验最多？哪一种最实用、最可靠？"轻武器专家们会毫不犹豫地告诉你："以色列的乌齐冲锋枪！"在《以色列——谜一样的国家》一书中，有这样一段描述："在许多国家里，如果你随便问一个人以色列有多少人口，他们往往说不准。但是，如果你问他对以色列知道点什么，他多半会告诉你以色列军队很会打仗，甚至会告诉你，那边门卫肩上挎的就是以色列制造的乌齐冲锋枪。"由此也可以看出，乌齐冲锋枪已经成为一支名扬全球的冲锋枪。

　　在很长一段时间内，以色列入伍的新兵都要肩背乌齐冲锋枪到哭墙前宣誓，乌齐冲锋枪成了以色列复国精神的代表。

　　这种闻名遐迩的冲锋枪是在 20 世纪 40 年代末开始研制的，设计者是一位名不见经传的年轻人，他叫乌齐·盖尔。当时，他是以色列陆军的一名中尉，他研究了流行于世的各种冲锋枪，决心研制一种适合中东地区作战的冲锋枪。经过几年的努力，乌齐·盖尔终于研制成功一种融众枪之长的冲锋枪。军方对该枪试验评审以后，大为赞赏，当即投入批量生产，命名为乌齐冲锋枪，装备以色列全军。

乌齐1923年9月出生于德国魏玛，名为戈特哈德·格拉斯。不久，父母分道扬镳，他跟着母亲生活。在他生活的农场里有各种各样的古董，包括很多老式武器。那时候，他还不知道，武器将成为他终生的朋友。10岁那年，由于纳粹的迫害，他所在犹太人学校被迫迁移到英国的肯特。在英国生活了三年后，他跟随父亲来到当时巴勒斯坦的港口城市海法附近的亚古尔农场，并有了一个新的名字：乌齐·盖尔。

在那里，乌齐·盖尔找到了一生的热爱和追求——轻武器。他参加以色列人的地下组织，并成为一名从事武器维修工作的突击队员。他广泛接触了那些五花八门的武器，如英国的恩菲尔德步枪、司登冲锋枪，德国的MP40冲锋枪，等等。

1943年，他在运送枪支到以色列地下兵工厂时被托管国英国的巡逻队发现，判刑六年。监狱里暴力横行，但他凭借着熟练的机械加工技术生存下来。两年半之后，他被提前释放。

监狱的工厂生活为其设计冲锋枪打下了坚实的基础。1948年，第一次阿以战争期间，乌齐·盖尔被选去参加一个军官训练班。在训练班上，乌齐·盖尔第一次向人们展示了他设计的冲锋枪样枪。教官迈耶·斯洛丁斯基早年也曾从事过武器设计工作，看到他的设计后，惊为天才，大力举荐他进入冲锋枪研制小组。

当时，以色列军方对新式冲锋枪的要求是：制造简单、坚固耐用、轻便短小、火力强大、防沙性高。在研制过程中，乌齐·盖尔独创了包络式枪机。这种设计也称伸展枪栓，至少有四大好处：一是将弹匣位置改在握把内，部分枪管被机匣覆盖，从而大幅降低总长度，让重量分布更加平衡；二是握把内藏弹匣的设计，让射手在黑暗环境中仍可快速更换弹匣；三是当击锤释放时，退壳口会同时关上，因此这种机匣防沙效果好；四是机匣生产采用了低成本的金属冲压方式，不仅减少所需的金属原料，还缩短了生产时间。经过两年的研制和不断改进，20 世纪 50 年代初，乌齐·盖尔研制的冲锋枪正式被以色列国防军采用。但在命名这款新枪时却发生了小小的争执，乌齐·盖尔最初将该枪命名为"UMI"，即以色列国首个字母的缩写，后在军方的要求下，才按乌齐姓氏希伯来语的缩写简称为 Uzi（乌齐）。

　　由于乌齐枪的重心处于握把上方，射手能够实施单手射击，另一只手可腾出来进行投弹、攀爬等。这是现代枪战影片中经常可以看到的镜头，银幕上的"英雄"使用的大都是乌齐冲锋枪，该枪特别受到导演和特技演员们的偏爱。

乌齐冲锋枪

　　乌齐冲锋枪因其轻便、操作简单及低成本风行世界。乌齐也凭借此枪，与斯通纳和卡拉什尼科夫并称世界三大枪王。今天，乌齐冲锋枪仍然是以色列特种部队作战时使用的近战武器之一。乌齐冲锋枪优异的战斗性能使其享誉全球。如今，美国、英国、比利时、伊朗、泰国、荷兰、爱尔兰、委内瑞拉等国军队都装备了乌齐冲锋枪，就连在冲锋枪发展史上成绩卓越的德国人，竟也心甘情愿地采用乌齐冲锋枪，可见乌齐冲锋枪的魅力。

乌齐系列冲锋枪

　　20世纪90年代初，乌齐根据治安部队的需求，又研制了小型和微型乌齐冲锋枪，它们与普通型一起构成了乌齐冲锋枪系列，可满足不同条件下的作战需要。乌齐冲锋枪后来又有微型和微微型各种改进型，它们深受防暴部队和特种部队的喜爱，是他们得心应手的武器。除冲锋枪外，乌齐还研制了性能优良的手枪、卡宾枪等武器，赢得了世界级枪械设计大师的声誉。乌齐·盖尔在军队中仅晋升到中校后就退役了，但是，退役后的乌齐并没有离开他热爱的武器事业，他自己创办了一个武器公司，生产冲锋枪、手枪、卡宾枪等武器。后来，他和美国的斯通纳、俄罗斯的卡拉什尼科夫一起，并称为当代"枪坛三巨头"。1994年年初，三人应邀参加在美国得克萨斯州举行的一次室外狩猎武器展览会，三人一起有过一张意味深长的合影。

2002年9月，这个终生与枪为伴的人因癌症在美国费城逝世。他最终被埋葬在亚古尔农场，那是他自己认定的故乡。

乌齐冲锋枪有一精典战例：

那是1976年6月27日，法航139次航班从以色列首都特拉维夫本古里安机场起飞，经过3个小时的飞行，在雅典着陆小憩。当广播最后一遍催促旅客登机时，有三名男子和一名女乘客匆匆来到安检处。这名女乘客是一位20多岁金发碧眼的德国姑娘，叫泰德曼。因为时间关系，安检人员没有对他们进行过多检查。正午时分，139次航班从雅典机场起飞，前往目的地巴黎。20分钟后，"空中客车"爬升到万米高空，改为平飞，空乘人员开始热情地为乘客们发送饮料和午餐。此时，泰德曼站了起来，打开了随身携带的行李包，一时很多双眼睛向这位美女望来，但是这一望却让大家吃惊不小，只见泰德曼迅速从包里取出了一把柯尔特手枪，快步走到机舱门前，转过身来大声喊道："大家不要动，谁动就打死谁！"这时，随她一起来的三名男子也纷纷从座位上跳了起来，手里分别握着手枪和手榴弹。紧接着，泰德曼一脚踢开驾驶舱的门，用手枪顶住了机长巴科的头。"降低高度，转飞利比亚！"劫机者命令着。

在地中海的上空，139次航班就这样被劫持了。被劫持的飞机掉转航向，在利比亚的一个机场加油后，最后降落在非洲乌干达的恩德培机场。

策划这次行动的是激进的"解放巴勒斯坦人民阵线"，飞机上共有245名乘客，其中83名以色列籍犹太人。6月30日，劫机者通过乌干达政府给以色列政府发了最后通牒，声称：如果以色列政府在 7 月 1 日下午 2 时前不做出满意的答复，他们将每小时处死一名犹太人质，直到以色列政府答应条件。

以色列政府一方面发表《哀告劫机者书》，采取拖延策略，呼吁他们把 7 月 1 日的"期限"推迟到 7 月 4 日，另一方面以色列军方积极组织，准备用武力解救人质。在以色列总理拉宾的授权下，很快组成了由伞兵司令薛姆龙担任总指挥、乔纳桑·内特雅鲁担任袭击分队队长的突击队，并在哈贝雷（希伯来语为"野小子"）特种作战部队挑选了 280 名精兵悍将。在内特雅鲁的带领下，突击队员个个手持乌齐冲锋枪，分乘四架 C－30 大型运输机，在突袭机群的掩护下，于 7 月 3 日乌干达时间 23 时 45 分，抵达恩德培机场的上空。

机场塔楼上留下乌齐冲锋枪的弹孔

飞机一触地，内特雅鲁立即命令道："准备冲锋！"装甲运兵车和美式 GMC 军用吉普满载突击队员，驶向飞机后舱门。"冲锋！"内特雅鲁大吼一声，驾驶吉普车从后舱门第一个窜出。从数架飞机中涌出的大批装甲车紧随其后，犹如怒潮决堤，势不可当。内特雅鲁把油门踩到极限，车如离弦之箭，直扑候机大楼。

11 时 50 分，内特雅鲁的吉普车旋风一般出现在候机大楼门前，几名突击队员在疾驰的车上突然开火，准确地射击，使十几名担负外围守卫任务的乌干达士兵全部毙命。

车到人到，内特雅鲁推开方向盘，端起乌齐冲锋枪朝候机大厅猛扑过去。在他后边，狂飙似的紧跟着 35 名突击队员。"卧倒！"一声凄厉的希伯来语的大声呼叫，带着不容置疑的威严响彻大厅四壁，并立刻产生巨大回响。顷刻间，所有以色列人质都听懂了这只有他们才能听懂的语言，赶紧趴在地上。

一幅奇妙的画面出现了。夹杂在人质中的劫机分子和十余名乌干达守军顿时像海潮退尽时的礁石，裸露在以色列突击队员的枪口前！没有一丝迟疑，36 支乌齐冲锋枪以极高的射速喷吐出火舌，稠密的火网吞没了一切。劫机者和乌干达守军在弹雨中痉挛。候机大厅，四壁密布弹孔，沾满血迹，火药的硝烟让人窒息。几秒钟后，大厅里爆发出呻吟与哭喊的狂潮。

这里的战斗只持续了 45 秒钟便告结束。劫机恐怖分子和乌干达守军全部死伤在乌齐的枪口下。事后，据乌干达人统计，在这些被打死的人身上，总共出现了近千个弹孔，平均每人身中数十弹。

19　　　　　　　　　形形色色的特种枪

◇ ┈┈┈┈┈┈

水鬼手枪

1989 年 12 月，苏联领导人戈尔巴乔夫和美国总统布什在马耳他附近的一艘轮船上会谈。当时，担负水下警戒的苏联蛙人手持一种别具一格的水下手枪，正十分警惕地四处搜寻。

俄罗斯 SPP－1M 水下手枪

俄罗斯的这种水下手枪是 1971 年研制成功的，被称为 SPP 水下手枪。SPP－1M 是它的改进型。制造水下手枪的关键是要解决水中阻力和水中操作问题。为了在水下戴手套也能操作，它的扳机和扳机护圈都设计得较大。它还配有专用的 SPS 水下枪弹。这种子弹可以突破水中阻力，它的口径是 4.5 毫米，有一个像钢矛一样的长钉式弹头。这种弹头长 115 毫米，是口径的 25 倍，重 132 克。弹头和弹体连成直线，因此提高了弹头在水中的稳定性。SPP–1M 采用 4 根枪管联装式设计，能装填 4 发枪弹。它使用连动击发机构，便于连发射击。向上推卡锁，打开枪管锁，枪管即自动弹开。枪管长 178 毫米，全枪长 245 毫米，重 855 克。SPP–1 在水下的射程与水深有关，水下越深，射程越小，如在水下 5 米处的射程可达 50 米，而到了水下 40 米处的射程则只有 5 米。

　　另外，德国也有一种 P–11 式 7.62 毫米水下无声专用手枪。它是德国黑克勒和科赫责任有限公司（HK）于 20 世纪 70 年代专为水下特种部队研制的，1976 年正式装备使用。

　　P–11 水下无声手枪由两大主要部件即枪管和手柄构成。水下无声手枪的枪管很有特点，它的横剖面呈梅花形，里面有 5 根小枪管，分别装有一发 7.62 毫米口径

德国 P–11 水下无声专用手枪

的子弹。为防水，全部密封。枪栓旁可折叠转换装置安装在手柄托架上，子弹发射所需要的电能由装配在手柄中间的两组蓄电池提供，扣动扳机时蓄电池会发出电火花，点燃子弹的助推火药，然后子弹射出枪膛。它的水下有效射程为 15 米，岸上能达 50 米。它的静音性能很好，射击时声音很小，在水下很难察觉。尤其是在能见度较差的浑水水域，水下手枪更能发挥优势。而且水越浑，它的效

果越好。这种水下手枪有两个秘密：一是它的子弹使用了放射性的贫铀材料，而且它的样子长得有点像小孩玩的飞镖；它的第二个秘密就是，这支小飞镖从枪管发射后会像导弹一样打开翼片，这样，即使在水中它也能保持较好的稳定性。

P－11 式 7.62 毫米水下无声手枪全长 200 毫米，总重（带弹）1.2 千克。其主要特点是借助电子系统，通过电动控制发射子弹，既能在水下使用，也能在地面使用。它特别适合从水下到海岸的秘密渗透行动。P－11 手枪在 30 米距离内的射击效果非常好，丝毫不逊色于黑克勒和科赫公司生产的 MP5－SD6 无声冲锋枪，能够消灭水下的敌人。这种水下手枪虽然射程不远，但是却能很好地发挥出优势。因为蛙人通常在夜间视线不好、能见度较差的时候发起攻击，敌人不易察觉，很容易秘密接近到有效射程内。

P－11 水下无声手枪也存在一些缺陷。首先是技术保障比较复杂，枪管再装填工作要由黑克勒和科赫公司的专业人员操作，使用不够方便。另外，在水下携带过程中，P－11 射击部件接点处都装配有可拆卸防护垫片，使用前应当除去这些垫片，这一额外操作要求自然会增加战斗反应时间，降低实战效能。最后，这种手枪生态安全程度较低，由于使用贫铀弹，可能会对人体产生辐射危害。

最近，俄罗斯又推出两栖突击步枪。有些枪可以在水下射击，有些枪只能在陆地上使用，只有很少的枪可以同时完成这两种任务。俄罗斯图拉仪器设计局在莫斯科的一次防务展上推出的 ADS 水陆两栖步枪，就是一款为执行作战任务的特种部队蛙人打造的突击步枪。这种两栖步枪之所以具有高度适应性，其关键在于特制的水下枪弹。在陆地上，ADS 两栖步枪使用的是 5.45 毫米步枪弹，这是俄罗斯突击步枪枪弹的标准尺寸，射程可达 500 米。在水下，这款步枪使用的是一种尺寸略小的特制枪弹，其射程受到下潜深度的影响。在距离水面 30 米的深度，这种步枪可以击中 25 米之外的目标。在蛙人结束水下战斗后，他可以将水下枪弹更换为常规枪弹，并且继续使用同一支步枪来执行陆地作战任务。这种现代两栖步枪极有利于士兵在奇特的作战环境中执行任务。

如果士兵的潜水深度仅为一个标准游泳池的深度，并且距离射击目标不足 2 米，他就可以在水下使用 AK – 47 步枪继续射击。

目前，世界上只有俄罗斯、德国、英国等少数国家研制成功水下枪，水下枪的种类也很少。

巷战利器拐弯枪

在一所残垣断壁的房子里，一种别具一格的枪正在进行对抗演习。身手敏捷的以色列突击队员躲在一堵墙后面，手拿一把奇怪的枪伸出墙外。接着他打开枪上的一个小监视器开始搜索。看着面前的彩色监视器，这名突击队员清楚地知道了墙另一边的情景：残破的红砖小楼、低矮的农舍、长满野草的土堆。这时，在那个小土堆上的草在轻微晃动。

"哒、哒、哒"几声枪响，一个身披伪装网，手拿狙击步枪的"敌人"应声倒地。不一会儿，那名突击队员已经消灭了所有的"敌人"。他躲在墙后面，也不看目标，为什么能打得那么准呢？因为以色列突击队员使用了一种新式武器——拐弯枪。

以色列拐弯枪

在战斗中，尤其是在射击死角众多的城市战斗中，会遭到隐蔽在死角中敌人的火力杀伤。而有了拐弯枪，枪手便能灵活地对垂直、水平各方向上的死角进行搜索、瞄准和射击。让拐角成为对自己有利的地形。

"拐弯枪"由两部分组成，前半部分包括一把手枪和一个彩色摄像头，后半部分包括枪托、扳机和监视器。两个部分通过一个设计巧妙的折页装置连接，因此前半部分既能向左转，也可以向右转。枪手用一面墙挡住自己的身体，把枪伸出去，就能通过监视器清楚地看到拐角另一侧的情况。枪托部分的扳机可连动手枪的扳机，保证正常射击。使用者不仅可以在不被对方发现的情况下开枪射击，还可以通过电缆把看到的情形传输给远处的指挥官。

枪管上的彩色摄像头拆装十分方便，枪手还可以选择不同的镜头，监视器有十字瞄准指示，便于枪手精确瞄准。此外，它还有军用光源、红外线激光指示器、消音器、灭焰器等多种配置。全枪采用防尘防水设计，坚固耐用。枪的前半部分能够与世界上的大多数自动手枪装配使用。除了能够在墙角处射击外，这种枪还适合在门、窗、机舱门等最容易发生枪战的地方使用。拐弯枪设计合理，操作比较简单，一般射手稍加训练就能掌握拐弯枪射击要领，熟练射手一秒钟内就能连续完成拐弯、瞄准、射击动作，并命中目标。

当射击死角内有多个敌人的时候，以色列专家巧妙地将奥地利9毫米"格洛克"18冲锋手枪固定在前架上，这种冲锋手枪配装了32发加长弹匣，火力的凶猛和持续性超过了一般的冲锋枪。经连发实弹射击检验，脱靶寥寥无几，这说明拐弯枪的后坐抑制器对冲锋枪的连发后坐也有良好的缓冲效果。在反恐执勤检查时，拐弯枪还可以作为搜爆检查工具使用，可对汽车底盘、床下进行拐弯检查，使之成为"观瞄合一"的多用途武器。拐弯枪上可安装消声器、可拆卸式两脚架、狙击手枪等实用高效的配件。

神奇的头盔枪

20 世纪 70 年代初的一天，在联邦德国的轻武器研究所里，几位设计师正在翻阅和整理第二次世界大战的一些实战照片。一名叫贝尔克的设计师看见了一张已经发黄的照片，他久久地凝视着这张照片。这是一张奇特的照片，照片上一名士兵把阵亡同伴的头盔堆起来，将一杆枪插在头盔空隙中，就像从小碉堡里向外射击。贝尔克看着照片，心中不由浮想联翩，他想：如果把头盔和枪结合在一起，不就如同攻守兼备的坦克吗？于是，一份关于研制头盔枪的建议和初步设想送到了陆军总部。陆军对这个别出心裁的方案很感兴趣，决定拨出专项经费进行研制。几年后，一种新型的射击武器——头盔枪在德国问世了，它被称为世界兵器史上的一大奇迹。

从外形看，头盔枪与普通钢盔没有多大差别，具有防护作用，但它的内部结构却相当复杂和巧妙。枪膛装在头盔的最上方，能从头盔前端射出 9 毫米无壳弹，初速度达 580 米/秒。当前方出现敌对目标时，士兵双目的反射镜能准确地把目标反射到人的视线以内，看到目标即瞄准了目标，然后操纵电发火装置，自动地向敌人点射或连续射击，在 100 米距离内，几乎是百发百中。它反应迅速，最大特点是"快"，当对手还没有来得及出枪时，子弹已经击中了对方的脑袋。而且，在射击的同时，士兵双手还可以驾驶车辆或使用别的武器。

你一定有疑问，枪都是有后坐力的，人的脑袋怎么受得了？其实，头盔枪的一个最突出优点是射击时没有后坐力，火药气体从头盔后端的喷口中排泄。

当遇到化学、生物武器或核武器袭击时，头盔枪上的通气孔和前额处的瞄准镜会立即关闭，背囊中的输氧装置便通过管道自动输送氧气。高强度的盔壳中有一层装有重水的特殊防护层，可以使人的头部免受冲击波和核辐射的伤害。射手还可以从头盔枪内特设的食品输送管，随时吸取营养丰富的流食。

这种攻防兼备、灵巧别致的新型枪，为枪械发展提供了一个崭新的思路。

五花八门的间谍枪

间谍为了完成特殊使命，往往对携带的枪支有特殊的要求。根据执行任务的性质，各国都设计了形形色色的间谍用枪。从外观上看，这些枪与日常生活用品非常相似，伪装巧妙，难辨真伪。

1978 年秋天，曾任保加利亚文化部官员的马科夫在车水马龙般的伦敦街头行走，他是赶往英国广播公司去上班。此时的伦敦，正值多雨季节，许多人出门都要带上一把伞。马科夫走到一个行人拥挤的路口，突然感到右腿好像被什么尖东西扎了一下。他回头望去，只见一名中年男子大步流星地走向远处，手中拿着一把雨伞。马科夫心想：可能这家伙不小心，用伞尖碰了我一下。当时，马科夫并没有把这当一回事。可是，当他到达办公室后，很快昏厥过去，四天后死在了医院里。

这是一起曾轰动欧洲的暗杀事件，调查和验尸结果证实，凶手使用的是一种毒伞枪，枪弹直径只有 2 毫米，内装毒性极大的蓖麻毒药。毒伞枪的结构并不复杂，扣动扳机后，击锤在弹簧力的作用下撞击装有气体的气瓶，膨胀的气体压力很大，将毒弹射出。毒伞枪的绝妙之处在于它能掩盖真相，避人耳目，还可以逃避检查，在对方毫无防备之时下手。

间谍武器有各种造型，多以日常生活用品面目出现，使人真假难辨，防不胜防，如钢笔枪、手杖枪、钥匙枪、戒指枪、项链枪、烟盒枪、烟斗枪、公文箱枪、打火机枪……它们大都与不同地区不同时代的风俗和生活习惯密切相关。

在 19 世纪末 20 世纪初，欧洲的绅士们都喜欢随手带一根"文明棍"——精致的手杖，那个时代的间谍，便将手杖视为最佳选择。从外表看上去，它堪称一件实用的精美艺术品，但随时可以变成一支手枪，还可以当刺刀使用。公文箱枪的设计也很巧妙。衣冠楚楚的公司职员手提一个外形雅观的公文箱，出入各种场合都会让人感到很正常，可公文箱里面装的却是一支带有消声器的 5.59 毫米短管枪，箱子的提手环就是发射控制机构，通过一个传动杆与击发装置连接，箱侧的皮革上开有一个不被注意的小孔，子弹就从这里飞出。

烟盒枪看起来好像一包香烟，然而当间谍们撕开锡纸烟盒抽烟时，里面却露出 6.35 毫米口径的枪口，只要手指轻压侧面的压杆式触发器，子弹便从烟盒里射出，置对方于死地。打火机枪的枪管和击发器都隐蔽在机盖下，打开盖子便露出 2 厘米长的枪管，按下击发器，子弹瞬间射入对方体内。钥匙枪乍看起来只是一把平常的大门钥匙，而实际却是一支单发射击的 6.35 毫米口径的特制枪，只要扣动柄上的指扣触发器，子弹便会毫不留情地射向对方。

此外，还有以钢笔、怀表、烟斗、腰带扣等伪装的其他间谍用枪和非常规间谍用枪。由于这些枪伪装巧妙，用于近体发射，着实难以提防。

钢笔手枪

怀表手枪

无声枪是最普通的间谍武器。实际无声枪并非无声,只是声音轻微细弱,不易被人察觉,所以也称微声枪。它与普通枪的不同之处,主要是枪口上加装了一个消声器。

20世纪60年代初,正是东西方冷战对抗激烈的时期。一位名叫克兰沃特的联邦德国电子专家,向国家情报安全机构讲述了自己险遭暗杀的经历:"我刚从开罗回来探亲,在那里帮助埃及搞一个火箭工程。开车回家途中,突然有一个人影从车旁闪过,我也没有在意,因为没有任何声音。可忽然发现车窗玻璃有破孔,并在车座上找到两颗手枪子弹。多亏子弹稍偏了点,不然我就没命了……"企图暗杀克兰沃特博士的凶手,使用的就是无声手枪,射击声极其微弱,周围的人很难听到,这样便于杀手脱身。

近些年,运用现代科学技术,使无声枪的性能更加完善。如英国制造的"帕切特"MK5无声冲锋枪,有效射程150米,射击时30米外听不到声音,50米外看不见火光。现代无声枪达到了无声、无焰、无光的三无要求,白天射击时看不见火焰,夜晚射击时看不见火光,室内射击时室外听不到声音。

在间谍战中,化学毒剂枪一直是备受青睐的武器。20世纪50年代末期,一名绰号叫冷血杀手的恐怖分子史塔辛斯基,奉命前往慕尼黑执行暗杀任务。上司发给他一支很特别的手枪——毒雾无声手枪,口径13毫米、长178毫米的枪管里装满了化学毒剂。史塔辛斯基来到指定地点后,先吞下一粒"解毒丸",然后对准暗杀对象开枪。瞬间,那人连哼都没有哼一声,便倒地身亡。此后,又出现了一种"双管毒气枪",它可以同时打死两个人,而且不留任何痕迹,让最有经验的法医鉴定死者尸体,也只能得出"心脏猝死"的结论。只有打开死者头颅,对大脑进行极为细致的检查后,才有可能发现极少量的氢氰酸的残留物。一些国家的间谍机构秘密研制出一种神经性毒剂暗杀枪，据称，这种枪发射的毒剂（LSD，麦角酸二乙基酰胺）能使人丧失意志，引起种种麻痹和幻觉。受害者会狂笑不已，问他什么便回答什么，让他干什么就干什么。

喷火的龙

战争离不开火，所以人们有时称战争为战火。火的破坏作用很大，火攻在战争史上为历代兵家所常用。1915 年，英国军队在伊普尔遭到德国军队喷火器的攻击，伴随着刺耳的呼啸声，滚动的火焰冲进了工事和堑壕，被烧者在惨叫中化为灰烬。这是喷火器刚上战场的情形。

喷火器是喷射火焰射流的近距离燃烧武器，主要用于攻击火力点，消灭工事、建筑物、洞穴内的有生力量，抗击冲击的集群步兵。对坑道或洞穴内喷射时，一方面，油料的黏附力使火柱黏附在壁上，另一方面，火柱高速飞行所产生的冲击力又大于黏附力，使火柱继续飞行。两力协同，便使火柱沿壁飞进，转弯前行。由于喷火器具有这一特点，用以对付龟缩于坑道、洞穴等复杂工事深处的敌人极为有效。火柱冲入洞口后，一部分飞溅四处，一部分奔向纵深，遍及每个角落，迫使敌人无处藏身。而且，油料燃烧要消耗氧气和产生有毒烟气，能使工事内人员窒息。

喷火器主要由油瓶组、输油管和喷火枪等组成。喷射时，油瓶内的稠化油料在压缩气体或火药等压源作用下，经输油管由喷火枪喷出，被油料点火管的火焰点燃，形成火焰射流。稠化油料由汽油和铝皂型稠化剂调制而成，黏附性能好，能延长燃烧时间，产生800℃的高温。喷火器喷出的火柱受液体射流运动规律支配，空气阻力、风、气温和地形对火柱的形成都有影响。因此，喷火器的使用有一定的局限性。

　　轻型喷火器操作简单，携带方便，是支援步兵打近战、燃烧坦克、焚敌碉堡等的有效武器。

　　喷火器是德国人在第一次世界大战中发明的，在第二次世界大战中，美国研制成功凝固汽油，使喷火器射程成倍增长，并在战斗中广泛应用。在太平洋战争中美军攻克日军占据的岛屿时使用最多，特别是硫磺岛战役，美国士兵用喷火器烧死了众多躲在洞穴内顽抗的日军官兵。

　　当时，守护硫磺岛的日军把整个硫磺岛构筑成一个坚不可摧的海上堡垒。2月19日这天，美国陆、海军纷纷出动，B－24轰炸机对硫磺岛狂轰滥炸，与此同时，军舰上的大炮一起对岛上的敌人进行猛烈轰击。剧烈的爆炸使整个岛屿成为一片火海。然而，猛烈的轰炸只是破坏了岛上的一些表面工事，地下工事并没有被摧毁。

　　美军登陆后，发现海滩上一片寂静。美国兵异常惊奇："日本兵大概都被我们的炸弹和炮弹炸死了。"正在这时，从暗堡、岩洞和坑道里突然射出了猛烈的炮火，美军猝不及防，损失惨重。经过拼死抗争，伤亡了2400多名官兵，总算守住了滩头阵地。

　　由于硫磺岛地下工事隐蔽、坚固，加上日军拼死抵抗，美军经过浴血奋战，发起了多次冲锋，才逼近坑道。可是，硫磺岛遍地都是火山灰，美军的枪栓和枪管都被火山灰塞满，不能射击。这样，美国兵不得不用手榴弹、刺刀、枪托和日军进行殊死的搏战。然而，美军虽然付出惨重代价，仍无法把日军从地下工事中赶出去。

　　面对这种情况，美军决定火攻。他们调了大批喷火器到前沿阵地。火攻开始了，美军背负油瓶，手持喷火器，勇猛地冲向日军阵地。他们在离日军地下工事约50米处扣动了扳机，只见一条条长长的火龙飞向日军工事，只听工事内哇哇乱叫，许多日本兵被烧死。美军实施火攻，终于攻克了硫磺岛。

第二次世界大战后，喷火器作为山地、岛屿作战的一种有效武器，得到进一步发展。新型喷火器为火焰弹式喷火器，可将油料完整地送到目标，大大提高了战斗效能。目前，世界许多国家都研制、装备了喷火器。各国军队装备的喷火器主要有便携式和车载式两种类型。便携式喷火器由单兵使用，全重23千克左右，装油量10～18升，喷射3～10次，最大射程40～80米。车载式喷火器安装在坦克和其他装甲车辆上，装油量200～1500升，能持续喷射数十秒钟或数十次，最大射程200米左右。此外，还有壕用式、地雷式和固定式喷火器。壕用式喷火器的构造和作用原理与便携式喷火器相似，全重60～110千克，可喷射近60次，射程70～100米。地雷式喷火器是一次性喷射武器，装油量20～30升，全重100千克，射程100～120米。固定式喷火器也称堡垒式喷火器，用以抗击坦克和步兵冲击或封锁海岸线。

20 前途无量的激光枪

◇ ······················

　　激光武器是一种利用激光束的能量，在瞬间危害或摧毁目标的定向能武器。它依靠自身产生的激光束，在目标表面上产生极高的功率密度，使其受热、燃烧、熔融、雾化或汽化，并产生爆震波，从而导致目标毁坏。由于这种武器以光的形式传播，速度快，杀伤力巨大，能"指哪儿打哪儿"，瞬间即置目标于死地，所以俗称死光武器。

　　激光武器到底有多厉害呢？

　　1975 年 10 月的一天，美国一颗预警卫星展开翅膀，像小鸟一样飞在苏联西伯利亚的上空。与它相伴而行的，还有一颗专门向地面发送信号的通信卫星。

　　这颗卫星以它特有的敏锐目光俯视着地面的各种情况。当它飞临苏联摩尔曼斯克一带上空时，立即打开了摄像机，并采用遥感设备，对下面的目标进行透视侦察。

在以往的侦察中，美军发现这里隐藏着一个制造潜水艇的船坞。不过，让美国人大惑不解的是，这个偌大的船坞，为什么要蒙上五颜六色的迷彩帆布呢？美国人觉得这里一定有非同寻常的秘密。

这次，美国卫星就是专门来查清迷彩帆布下的秘密的。

忽然，一道闪光射向卫星，瞬间这颗卫星就像喝了酒的醉汉，东倒西歪，再也无法保持原来的姿态，数百万美元的预警卫星顷刻间就报废了。与此同时，它的同伴，那颗通信卫星也在强光的照射之下失去了控制。

太空中发生的这一幕，当然瞒不过美国军用卫星监测中心，那里的荧光屏不分昼夜地跟踪着自己的卫星。

"赶快查清是怎么回事！"监测中心的指挥官发出命令。

开始，人们认为预警卫星可能是受到流星群的强光干扰。"这不可能！"北美防空司令部的参谋反驳说，"我们的卫星有滤光镜，它对自然光不敏感。流星群每月都有，可卫星从来没有受到干扰。"

当时，碰巧新闻中有苏联天然气管道失火的报道，也有人认为是天然气爆炸形成的强光造成卫星损坏。

"这也不太可能，"另一位参谋说，"据估计，这次神秘的闪光，比洲际导弹发射的光要强 1000 倍。天然气管道失火爆炸绝不可能有如此强光发射。"

"难道是苏联研制出了激光武器？"一位军事专家说出了大家最担心的问题。这一分析结果，像一场飓风席卷了整个美国，引起强烈震动。

1982 年英阿马岛之战时，阿根廷的两架"天鹰号"飞机向大西洋飞去。他们的任务是击沉英军护卫舰"亚古尔水手号"。战斗机像箭一样在空中穿行，就要进入英舰防空雷达的搜索范围了。天鹰战斗机距离"亚古尔水手号"越来越近了，很快，目标舰进入阿根廷飞行员的视线，瞄准十字线紧紧锁住了英舰。阿根廷飞行员暗自惊喜，一只手伸向激光制导炸弹的发射按钮。眼看右手的食指就要触及按钮了，突然，一道蓝色的强光从"亚古尔水手号"上射来，顿时飞行员两眼发黑，什么也看不见了。飞机一头栽进大海，只听"轰隆"一声巨响，飞机炸成了碎片。

僚机飞行员以为长机是被英舰发射的导弹击中的，他勇敢地冲上去准备投放炸弹。这时，一道蓝色强光射到飞机的瞄准系统，飞行员一阵眩晕，感到天昏地暗。危急时刻，他凭着熟练的技术，闭着眼睛操纵飞机，凭着感觉离开战区。10分钟后，飞行员的眼睛恢复视觉，他以为自己是由于身体太劳累，睡眠不良造成的。他又驾驶飞机，调转机头，飞回去再次准备对"亚古尔水手号"进行攻击。这回情况还是一样，一进入攻击角度，又有一束蓝色强光闪过，他的眼前又是一片漆黑。机灵的他知道出了问题，急忙把飞机拉起，加速返航了。

试验中的激光武器2

阿根廷派出侦察机去拍照，发现"亚古尔水手号"护卫舰上多出了一个其貌不扬的长方形鼓包。它的样子说枪不像枪，说炮不像炮，更不像导弹，只是从昂起的一节方形管里射出一束束令人头晕目眩的强光，究竟是什么武器，谁也说不清。

后来，人们才知道，"亚古尔水手号"护卫舰上的长方形鼓包，就是英军秘密安装的激光致盲武器。

1987 年 10 月，美国空军的一架在太平洋上空飞行的战斗机，突然被一束激光击中，飞行员失明了约 10 秒钟。后来，美国才知道，这是在太平洋上游弋的苏联军舰使用了激光眩目武器。

世界上第一支激光枪于 1978 年研制成功。尔后，用于杀伤有生力量的工作激光武器如雨后春笋般陆续出现。目前，战场上使用的高能量激光枪——激光致盲器，可以在 2000 米的距离内使人顷刻间失明而丧失战斗力，故在各类激光枪中特别受到青睐。激光致盲武器是低能激光武器的一种，由激光发射装置、目视测距仪和摄像系统组成。它是既能致盲人眼，又能致盲武器装备的光电系统。

激光击中目标

激光可以让人失明，是因为眼睛是人体最敏感的器官，人之所以能够看到外界景物，离不开视网膜。视网膜中间有一个黄斑，黄斑正中间有个浅浅的直径仅为 0.5 毫米左右的中心窝，这是视网膜中视觉最敏感的部位，一旦中心窝受到损伤，就有可能导致失明。因此，当外来激光束射入眼睛时，激光首先经过眼睛晶状体，晶状体便自动聚焦，在视网膜上形成一个小光斑，能量高度集中于一点。由于视网膜吸收光的能力很强，这就使落在视网膜上的光能迅速转化为热能。在高温的作用下，会立即烧伤视网膜。如果小光斑正巧落在视网膜中间的黄斑或黄斑内的中心窝，那么，这一特别敏感的部位被烧灼的程度就更为严重，会造成终生失明。

眼睛既相当于一个高级的聚光系统，又相当于一架精致的照相机。入射激光经屈光介质的聚焦作用，可使在视网膜上的激光能量密度比角膜处高许多倍，因此，即使微弱的激光也会对视网膜造成损害。如果激光瞄准的是配备望远镜等装置的人，伤害就更严重，因为入射激光通过光学装置时已被聚焦，又通过眼球二次聚焦，使得落在视网膜上的光能量密度更高。在夜间受到激光照射时，由于夜间人眼瞳孔比白天大 10 倍，因而损害更严重。假如白天某种激光造成眼睛致盲持续 10 秒钟的话，那么激光在夜间所造成的失明就要长达 100 秒。短暂的失明会使飞机驾驶员、装甲车瞄准手和指挥员等丧失战机或处于被动地位。激光对视网膜的损伤达到一定程度，就会使视网膜爆裂、眼底大面积出血。

对视网膜的损伤，以波长 0.4 ~ 14 微米的激光威胁最大，其中又以绿色最厉害。激光致盲武器所发射的激光束以人为主要目标，但人并非唯一目标，它同样可以对光学和光电装置形成危害，使其失去固有的传感器功能，如望远镜、潜望镜、瞄准镜、夜视仪、测距仪、激光目标指示器、跟踪仪以及光学导引头等都极怕激光的破坏。

二 战神怒吼

01　　　　　后装线膛炮与弹性炮架

◇ ....

　　在火炮发展史上，后装线膛炮和弹性炮架的使用是两项意义深远的重大变革。从此，火炮的性能有了飞越性进步，成为机动能力较强的速射炮，真正具有了巨大威力，为其在 20 世纪扮演"战争之神"的角色奠定了基础。

　　19 世纪中期以前，各国军队装备的都是前装滑膛炮。身管较长的加农炮发射球形实心弹，身管较短的榴弹炮发射球形爆炸弹和榴霰弹，均从炮口装填弹药，火炮无炮闩。发射时，点燃药捻，火药燃烧产生的气压使弹丸从炮口飞出。每分钟一般只能发射一两发弹。这种火炮虽然在近代战争中发挥了空前强大的威力，成为杀伤敌人的主要兵器，但在射速、射程和精度等方面也有不少明显的缺陷。

　　19 世纪初，工业革命所带来的广泛科技变革，孕育着火炮技术的飞速发展。当时，有一名意大利陆军少校叫卡瓦利，他是一个对新科技充满兴趣的军官。他非常喜欢学习，经常看一些枪炮知识方面的书籍。当他了解到步枪改用长圆形子弹后威力大增时，很受启发，他想：如果将球形炮弹也改变为长圆形的话，那么威力也应当会得到很大的提高。他把自己的想法报告了上级，他的长官很感兴趣，鼓励他进行试验。经过反复的琢磨，卡瓦利终于制造出一个样品，但在试射时，装药量增大的长圆形炮弹从光溜溜的炮管射出后，却有点像醉汉一样东倒西歪，射程也很近。

为什么长圆形的炮弹从光溜溜的炮管射出去后，没能提高速度呢？卡瓦利没有被困难吓倒，他苦苦思索，但是难题多日未能解决。一天，他在街上散步，看到几个男孩玩陀螺，陀螺稳定地旋转着，他聚精会神地看着孩子们玩。不一会儿，他茅塞顿开，意识到陀螺之所以稳定，是因为它在高速旋转。他终于找到了让炮弹在空中飞行时稳定的办法，立刻返回军营，又投入到试验中去。

1846年，卡瓦利制成了世界上第一门后装螺旋线膛炮。炮管内有两条旋转的来复线，发射圆柱锥形空心弹。这门后装线膛炮上，安装有卡瓦利首创的楔式炮闩。炮闩也称闭锁机，用来与炮尾配合闭锁炮膛，击发炮弹底火，抽抛发射后的药筒，是实现后膛装填炮弹的关键装置。

在空旷的靶场上，卡瓦利新研制的线膛炮与一门大小相近的旧式滑膛炮正在进行对比试验。

随着一声令下，一枚64磅（约29千克）重的炮弹从线膛炮炮管飞出，弹丸因高速旋转而飞行稳定，射程达5103米，方向偏差4.77米。接着是滑膛炮发射，炮弹射程仅2400米，方向偏差却达47米。人们欢呼着向卡瓦利表示祝贺。

不久，英国制炮商惠特沃斯也生产了一门后膛装填的线膛炮，不过，他是用盘旋的六角炮膛来代替旋转的来复线的。同前装炮相比，后装炮改炮口装弹为炮尾装弹，提高了射速；有完善的闭锁炮门和紧塞具，解决了前装炮因炮弹弹径小于火炮口径所带来的火药燃气外泄的问题；炮膛内刻制了螺旋膛线，同时发射尖头柱体定装炮弹，使炮弹射出后具有稳定的弹道，提高了命中精度，增大了射程；可以在炮台包括陆战掩体和军舰炮塔内装填炮弹，既方便又安全。由于后装炮具有较多的优越性，所以各国军队竞相研制。

又过了七八年，英国人阿姆斯特朗在卡瓦利成果的基础上，制成了更为完善的阿式后装线膛炮，投入批量生产。

后装线膛炮的问世，在火炮发展史上意义重大，它具有三大优点：炮尾装填炮弹，简化了装填过程，射速快；闭锁式炮闩使火药燃气不外泄，弹丸推力大，射程远；螺旋膛线使炮弹飞行稳定，命中率高。

火炮进行改革的第二个重大发明就是采用弹性炮架。

这里有一个故事，叫战场上"跳舞"的火炮。说的是早期有一门榴弹炮，它的绰号挺有趣，叫做亨利。这个亨利可有意思了，竟会在炮声隆隆的战场上"跳舞"，而且大显威风，令敌人惶恐不安，伤透脑筋……这个真实的战斗故事，发生在第二次世界大战前夕。

1939年12月，芬兰和苏联两国军队在芬兰境内的卡累利阿地区发生了武装冲突。战斗开始不久，双方就对峙着，谁也不敢贸然进攻。

当时，芬兰军队的装备较差，缺少火力强的火炮，因而难以发动进攻，只能等待时机，寻找突破口，以便集中力量将对方消灭。而苏军虽然有较多的重武器，但在异国境内作战，环境和地形不熟，恐有埋伏，所以也在寻求进攻机会。

芬兰军队在对峙中积极想办法搜集和运送武器，为进攻做准备。军官把士兵都派出去，寻找战场丢弃的武器装备，以便满足作战的需要。有位士兵在路过一个乡村时，看到有间破旧的房屋就走了进去。他发现屋里堆着一堆柴火，这位士兵很好奇，就将柴火掀开，发现里面竟然藏了一门大炮！他立刻回去报告。

芬军的长官喜出望外，迅速来到破屋里。他看到炮上铸有俄文，才知道这是沙皇时代留下的野战炮——没有反后坐装置的早期榴弹炮。虽然这门炮的样式陈旧，又经过风吹雨淋已失去往日的风采，但它各部分齐全，还算是一门完整的炮。于是芬军长官就让士兵将炮推出来装在汽车上，运回芬军阵地。

芬军阵地的官兵将这门久经沙场的老炮安顿下来，清洗了它身上的污泥与锈斑，并请来军械师进行修理整容，以便及时投入战斗。军械师在检修中发现，这是一门老式炮，没有装起缓冲作用的反后坐装置。当时，谁也不知道装进炮弹，拉动火绳后会发生什么意外，因为这种炮毕竟隔了一个时代，谁也没见过，谁也没用过。可是这门炮的诱惑力太大了，最后指挥官不得不下令立即试炮！

士兵们很快将清洗一新的大炮的炮口朝向敌阵地。炮手及时将炮弹装入炮膛。指挥官一声令下：预备——放！两个炮手随即拉动火绳，只听"轰隆"一声巨响，大地颤抖，火光闪闪，炮口留下一团硝烟，而炮弹疾速而出，向敌阵地方向飞去。与此同时，整个大炮像受惊的烈马，一下子蹦得老高，还后退了3米远，并把两个炮手撞倒在地，其中一个当场就没气了。

然而，面对这一灾难性场面的芬军官兵却惊喜万分，因为他们看到那颗炮弹呼啸着，在空中划过一道弧线在敌军阵地上炸开了。敌方的炮火立即变成了哑巴。芬军士兵欢呼起来，他们夸这是一门好炮。

这门在战场上爱蹦跳的大炮，虽然有着这种怪毛病，但是芬军的炮手们经过使用将它的脾气摸透了，让它乖乖地听候使唤了。例如这门炮总是在发射后像青蛙一样向后蹦，针对这一毛病，炮手们每次发射后把它拖回原处，或者转移阵地再发射。这样照旧打得很准，只是多点麻烦而已。

这门大炮发射出第一发炮弹后，观察弹着点的士兵报告说："这发炮弹把敌人的一门大炮炸得粉碎！"大家听后高兴得直鼓掌，给这门大炮起了个外号"跳跃的亨利"。此后，这个外号就传开了。

沙皇时期俄罗斯遗弃的亨利大炮，竟奇迹般地帮助芬军摆脱了险境，芬军士气大为振奋。这门俄国产的大炮，让苏军吃尽了苦头。

苏军不知道芬军哪来的大炮，他们准备用几十门大炮来对付芬军的新武器。不久，芬军的亨利大炮又向苏军阵地发射炮弹了，有一发炮弹竟差点炸了苏军的前沿指挥所。苏军的大炮立即进行还击，炮弹像雨点般飞向芬军的阵地，打得芬军抬不起头。

芬军毕竟只有一门大炮，要对付敌方几十门大炮的袭击，显然寡不敌众。于是芬军的指挥官想出了一个巧妙的办法。他命令炮手打四五发炮弹后，立即转移阵地，然后躲进营地吸烟、喝咖啡去。

这样，尽管苏军的大炮一个劲地往原来的阵地倾泻大量的炮弹，芬军的炮手们却以逸待劳，只是观看苏军大炮的表演。仅几天工夫，苏军就白白发射了一万多发炮弹，而跳跃的亨利却安然无恙，照样活跃在阵地上，而且还是那样蹦蹦跳跳的，显得更可爱了。

这就是没有装反后坐装置的早期榴弹炮在战场上作战的情景。它显然不适应新式作战的需要，不得不让位于装有反后坐装置的管退式榴弹炮。

1897年的春天，纷繁的桃花在晨光中宛如一片朝霞。在法国陆军的炮兵射击场上，两门火炮正在进行着一场别开生面的比赛。

第一门炮是19世纪后期普遍使用的刚性炮架后装线膛炮。所谓刚性炮架，就是炮身通过耳轴与炮架相连接，火炮发射时，巨大的后坐力直接作用于炮架，带动整炮后坐。因此这种炮也称为架退式火炮。为减轻射击时因后坐产生的跳动、位移，火炮设计师不得不把大炮造得很重。这门架退式火炮属于当时陆军装备的野战火炮，需用4匹马牵引才能进入射击场。

第二门实验炮显然轻巧灵便得多，只需一匹马牵引，毫不费力地进入了射击位置。这门炮引人注目之处是它那与众不同的炮架，短小轻便，没有常见的耳轴，炮架通过一种新研制的反后坐装置与炮身相连。

射击场上虽然不是人山人海，但来者中有不少是军方和政府的要员，许多兵工厂的设计师也都闻讯赶来。这是一个值得纪念的日子。

试验比赛开始了，担任监督员的陆军中校命令第一门炮先射击。随着"轰"的一声巨响，炮弹飞向约2000米处的目标区，与此同时，火炮那沉重的炮架向后移动了一大截，以致发射第二发炮弹时，需要用较长时间重新瞄准，一分钟只发射了两发炮弹。

轮到第二门炮射击了，观众都屏住呼吸，全神贯注地盯着这门炮。只见炮手将一发又一发炮弹推进膛，炮管有节奏地伸缩着，炮架几乎没有移动，炮弹呼啸着飞向3000米处的目标区，一分钟竟发射了15发7.6千克重的炮弹。

人们欢呼起来，很显然，第二门炮不仅打得远，还能够连续发射炮弹，而且炮身也轻得多。这是以前的炮做不到的。大家纷纷向第二门火炮的研制者法国人莫阿祝贺。

莫阿曾经当过炮手，对火炮威力与火炮机动性的矛盾感受颇深。火炮威力越大，射击时产生的后坐力也越大，为使火炮射击时比较稳定，就必须造得很重，这又导致了火炮机动的困难。莫阿苦苦思索，他想：能不能在火炮回转部分与底座之间安装一个缓冲装置呢？火炮后坐力能否变害为利呢？经过多年的研究和反复试验，莫阿终于成功了。他发明了一种水压气体式驻退复进机，装在法国75毫米野战炮上，炮身通过驻退复进机与炮架连接。反后坐装置包括驻退机与复进机，驻退机可吸收并消耗火炮后坐能量，使炮身后坐到一定距离便停止，复进机在炮身后坐时储存能量，后坐终止时使炮身复进到位。

　　安装有反后坐装置的法国75毫米野战炮，在火炮史上第一次实现了炮身与炮架的弹性连接，火炮射击时仅炮管后坐复进，炮架和整个火炮基本不动。这种火炮被称为管退式火炮，其炮架称为弹性炮架。弹性炮架不仅能节制火炮后坐，而且巧妙地利用原来令人头疼的后坐力，使后坐部分及时复位，使得火炮可连续射击，发射速度大为提高。尤为重要的是，作用在炮架上的力大大减小，火炮重量便可大幅度减轻，极大地改善了火炮的机动性。采用弹性炮架的火炮，一下子使其他所有火炮黯然失色。这是火炮发展史上的又一重大突破，标志着火炮基本结构趋于完善。这种炮架被一直沿用下来。

　　在莫阿首先制成了水压气体式驻退复进机的同年，德国人豪森内利用长后坐原理研究发明了液压气功式驻退复进装置。本来，豪森内的专利是先给德军的，但是德国军队拒绝采用这一专利。法国于1894年从豪森内手里购买了这项专利，并根据它研制了具有液压气功式驻退复进装置的炮架，也就是弹性炮架。炮身安装在弹性炮架上，可大大缓冲发射时的后坐力，使火炮不致移位，使发射速度和精度得到提高，并使火炮的重量得以减轻。弹性炮架的采用缓和了增大火炮威力与提高机动性的矛盾，并使火炮的基本结构趋于完善。75 毫米野战炮已初步具备了现代火炮的基本结构，这是火炮发展过程中划时代的突破。

在弹性炮架的研制过程中，法国人成功地躲过了德国情报机关的侦察和窃取活动，他们表面上进行弹簧式复进机构的多次试验，将敌方引入歧途。结果，德国人花了九牛二虎之力仿制的法国野战炮，却是一种技术落后的假炮，使德国的炮兵装备落后了许多年。

1914 年 9 月，在第一次世界大战中的马恩河战役里，法国炮兵用 75 毫米野战炮猛轰德军，使其伤亡惨重，为法国的胜利做出重大贡献。法国买来德国人的先进发明专利，又对德国人进行保密和欺骗，还反过来打击德国人，这对德国来说，真是具有讽刺意味的惨痛教训。

19 世纪末，各国炮兵相继采用缠丝炮管、筒紧炮管、强度较高的钢炮和无烟火药，提高了火炮性能。采用猛炸药的复合引信，增大弹丸重量，提高了榴弹的破片杀伤力。20 世纪初，火炮还广泛采用了瞄准镜、测角器和引信装定机等仪器装置，由此进入了现代火炮时代。

02　短命的"巴黎大炮"

◇ ·····················

1918 年 3 月 23 日清晨，春意盎然的巴黎，朝霞满天，人们又开始了新一天的生活。街上，行人车辆匆匆而过，显得紧张而有秩序。

突然，一阵刺耳的啸叫声划过长空，接着便是"轰隆"的巨大爆炸声在巴黎塞纳河畔响起。顿时，人们被这突如其来的怪叫声和爆炸声惊得不知所措，纷纷躲藏起来。

刚过了一刻钟，爆炸声又在巴黎的一条大街上响起，又过了约一刻钟，在距巴黎火车站不远的林荫大道上传出了爆炸声……这一连串的、有节奏的爆炸声使巴黎的几条大街很快就笼罩在烟雾和火焰之中，而且大地还在不断地颤抖着。

之后，每隔 15 分钟爆炸一次，一直持续到午后。面对这飞来的横祸，加上极富节奏感的持续爆炸声，人们疑惑不解，惊慌不安，甚至连当时的法国军事首脑和政府官员对此都茫然不知所措。

23日黄昏，巴黎埃菲尔铁塔电视广播说："敌人飞行员成功地从高空飞越法国前线，并攻击巴黎，多枚炸弹落地……"播音员说得有鼻子有眼，好像亲眼看到敌机投弹似的，但广大平民百姓听了广播后，更加迷惑茫然。他们都没有听到飞机的响声，连飞机的影子也没有看到，这到底是怎么回事呢？

炮击就这样断断续续地持续下去，在3月29日，一发炮弹击中了巴黎市中心的圣热尔瓦大教堂，造成200多人死伤的惨剧，其中死亡人数多达91人。

法国人众说纷纭：有人认为德国已有一种隐形飞机，有人断言巴黎郊区匿藏着德国的秘密火炮……最后，弹片送到了法国军械专家的实验室，他们在做了认真分析之后，很快得出一个结论：这是一种远程大炮发射的炮弹。法军利用日益精湛的反炮兵侦察技术，不久就侦察出了德军的炮兵阵地。在德法边界的圣戈班森林，隐蔽着德军三门巨型火炮，向相距128千米的巴黎射出每枚重约125千克的炮弹。

因为这种炮首次袭击了巴黎，后被称作"巴黎大炮"。当时，一般火炮的最大射程是20千米，巴黎大炮射程竟超过了120千米，一下子轰动了整个欧洲和世界。

这种大炮是怎么回事呢？原来，在第一次世界大战期间，空袭是德军惯用的方式。1916年，德军司令部在讨论空袭巴黎时，一位年轻军官说我们可以用大炮轰击巴黎。他的话使在场的人目瞪口呆。因为当时德国的火炮最大射程只有21千米，而德、法边界距离巴黎有120千米，这个用炮轰击巴黎的想法是幼稚可笑的。

但是，德军统帅部非常欣赏这个想法，于是将研制远程火炮的任务交给了著名的克虏伯兵工厂。研制小组的领导人是总监弗里茨·罗森伯格教授。火炮设计师是位年轻人，名叫艾伯特·哈特。

他受加农炮的长脖子启发，想到身管越长，射程就会越远，决心设计出能从德国境内直接轰击巴黎的巨炮。

罗森伯格和艾伯特·哈特于 1917 年夏天，终于研制成功远程火炮。巴黎大炮口径不算太大，只有 210 毫米左右，可是它却显得又高又大，堪称火炮中的巨人。它的炮管长达 36.1 米，全炮重约 750 吨。起初，德国人将它安装在混凝土基座上，它的炮口只能瞄准法国首都巴黎。可是，又长又重的炮身使火炮本身产生了弯曲变形，设计者只好在炮身后半部加了一个支架。此外，为了解决这个庞然大物的机动问题，还专门为它设计了有轮缘的特制车轮，可以在机车轨道上滚动；巨大的铁路旋转盘可以使火炮做水平转动，以改变射击方向。巴黎大炮最大射程达到 130 千米，而当时的火炮通常只能打 20 多千米，即便是现在，155 毫米重型榴弹炮使用增程炮弹，射程最远也只能达到 70 多千米。可见，该炮的制造技术是多么先进！

德国"巴黎大炮"

为了取悦当时的德皇威廉二世，起初该炮被命名为"威廉火炮"。后来由于首战巴黎，所以后人把它称为"巴黎大炮"。

巴黎大炮是火炮巨无霸，发射一次炮弹要用 195 千克的火药。假如要将炮弹发射到 120 千米外的目标区，需要将弹丸发射到 3.2 万米的高空，以此减小弹丸飞行的阻力。巴黎大炮的最佳射角是 53°，初速度为 1700 米/秒，最大弹高 42 千米。根据物理学原理，空气密度随着高度的增加而减小。在高度大于 30 千米的同温层中，空气密度很小，已近似真空。炮弹在同温层中飞行，可以认为没有空气阻力的影响。炮弹经过 20 多秒钟飞到同温层时，还有 1000 米/秒的速度。这时弹道切线与水平线的夹角恰好在 45°左右。这一角度可使炮弹的射程最远。炮弹在同温层中飞行约 100 千米后，重新进入对流层落到地面，这时它已经打到 120 千米之外的地方了。

巴黎大炮没有瞄准装置，为了修正射击诸元，必须掌握炮弹落地的准确位置。德国人的前线观察员是一名在巴黎居住了 20 年之久的德国侨民，他将每发炮弹的爆炸位置告诉一位德国小姐，几经周折，将情报送到德军最高司令部，全过程约 4 个小时。法国反间谍机构派出大批特工，终于在法、德边界抓住了一名乔装农民的德国间谍，就是他每天赶着牛车将小姐电话传来的情报送出法国的。

巴黎大炮的射程虽然远得惊人，但其命中精度却不佳。德军共向巴黎发射了 367 发炮弹，致使法国伤亡 876 人，却没有命中预定的战略目标。所以巴黎大炮注定只是一种威慑性武器，主要用于给对方造成心理上的恐慌，而无法达到实质性的军事目的。此外，这种巨炮的炮管寿命很短，发射四五十发炮弹，膛线就会被严重磨损烧蚀，使火炮射程不断减小。更换炮管，则要劳驾笨重的大吊车，很费时间。巴黎大炮共造了 7 门，前后使用了四个多月，对战争进程并未能发挥什么作用。

火炮研制者从巴黎大炮的尝试中得出结论，单纯以增长身管来达到超远射程的路是行不通的，应当另辟蹊径。后来，德军匆忙将三门巴黎大炮运回克虏伯兵工厂，重新投入熔炉。其设计图纸也神秘地消失了，仅有的一份原始手稿保留在罗森伯格家族，秘不示人。

03 "斯大林之锤" 二战显圣

◇ ·······················

第二次世界大战中，苏军以用炮闻名。如果说作战中用坦克是德国的传统，那么作战中用炮便是苏联的传统。苏军对待炮，有着一种天生的敏感与特殊的情结。在电影《闪电战》中，有一个情景曾给很多人留下深刻印象：巷战的背景下，一门硕大无比的重炮在街上直接对着目标射击。火光一闪，飞沙走石，驻锄一下子被掀开了，抑或根本没有下驻锄；巨炮猛然向后退去，履带剧烈摇晃。而目标，一栋楼，则被一炮轰爆。很多历史照片中都可以看到这尊安在拖拉机上的大炮（事实上这不是行走装置，而是因为太重而用履带取代轮子）。它就是苏军的 B-4 榴弹炮。该炮虽然笨重无比，但在第二次世界大战期间，该炮在对付混凝土加固的核心目标发挥了至关重要的作用，所以在进攻柏林的途中，苏军一直都装备着该炮。

1926年5月17日，苏联开始了建造巨炮的计划。此重担由彼尔姆兵工厂的火炮工程师弗·费·伦杰尔负责。他负责研制火炮身管及瞄准器，炮架由布尔什维克工厂提供。1930年，B-4型M1931式203毫米榴弹炮投入试验。1931年6月开始装备苏军。B-4榴弹炮看起来体形庞大，样子怪异，它虽然在各种演习中没有上佳的表现，却是各种阅兵仪式上的宠儿。1931—1941年，苏联在莫斯科、列宁格勒、基辅和哈尔科夫举行的各种阅兵活动中，都出现了B-4榴弹炮的身影，它成为苏军强大实力的一种标志。

B-4榴弹炮具有良好的弹道性能和较高的射击精度，战斗部重达15.8吨。由于炮身重量太大，设计人员为它配置了履带式炮架，该炮架重11吨。B-4榴弹炮的炮架尾部装有辅助轮用于牵引，牵引速度大约为15千米/小时，由于苏联冬天大部分地区都是冰天雪地，而冰雪融化后道路经常是泥泞异常，这对大重量的火炮机动是非常不利的，对于重达15.8吨的B-4榴弹炮来说，加装履带后机动性的提高相当明显。B-4榴弹炮采用特殊的双重驻退复进系统，是苏联最早配备该系统的火炮，射击时非常稳定。B-4榴弹炮虽然个体庞大，但它可在很少的外部设备支援下迅速转入战斗状态。当火炮射击时，其底盘后段会向下调低姿态，同时将车尾驻锄插入地面，形成稳固的射击平台。B-4榴弹炮的内膛线数达64条，炮管重达5.2吨。苏联人为B-4榴弹炮准备了一系列弹药，包括混凝土穿透弹和特殊的尾翼稳定炮弹等，后者的弹头以铬钒合金制造，长度达1米左右，由于它的材质密度非常高，能加大弹头的贯穿力。无论是火力还是口径，B-4榴弹炮都可以算是炮中极品。对于德军来说，B-4榴弹炮出现在那里，就像一柄砸向纳粹心脏的铁锤、一把开山的巨斧……

1939年，苏芬战争开始，B-4榴弹炮也第一次走上战争的舞台，当时苏军主力从卡累利阿方向杀进芬兰，结果在芬军预先修筑的曼纳海姆防线上吃了大亏，只携带有 152 毫米以下口径火炮的苏军难以摧毁用高标号水泥修筑的芬军火力点。情急之下，西北方面军司令员铁木辛哥元帅向最高统帅斯大林申请调用秘密武器 B-4 榴弹炮，并获批准。为确保这种战略武器不落入敌人之手，斯大林专门责成炮兵主帅沃罗诺夫亲自监督使用，所有参战炮兵均是军事技术和政治思想双过硬的佼佼者。

1939 年 12 月 19 日，一个四门制的 B-4 榴弹炮连悄然抵达霍京恩前线。这个庞然大物的任务是为苏军第 20 坦克旅扫清进攻道路上的障碍。据侦察，芬军在对面丘陵地带内构筑了 40 多处永备火力点，这个强大的火力网令苏军屡攻不克。B-4 榴弹炮连连长马赫波诺夫查看了前方的火力点，他决定实施"炮兵上刺刀"的战法。在攻击的前一天，他便将火炮推进到距芬军工事仅 300 米的隐蔽工事内，决心用直瞄的方式，给芬军的防卫工事以毁灭性打击。这样做非常冒险，号称"白色死神"的芬兰滑雪部队随时可能冲出来抢夺这些庞大而贵重的火炮，而马赫波诺夫身边只有不到两个排的步兵警卫。

万幸的是，芬军没有察觉。12 月 21 日拂晓，马赫波诺夫下令开火，203 毫米榴弹炮发出巨大的怒吼，爆炸声响彻了寂静的原始森林，许多炮兵被震得耳鼻出血。B-4 榴弹炮的强大火力使钢筋混凝土的芬军工事被彻底荡平，经过一个半小时的密集射击，苏军坦克营终于向前推进了 2.5 千米。这次突破具有全局性的作用，使苏军绕到曼纳海姆防线的后方，造成芬兰守军的恐慌情绪，一些苏军久攻不克的永备工事，罕见地停止了射击，因为里面的芬兰人吓得落荒而逃。

由于这次炮击发生在苏、芬交界的霍京恩前线，所以苏联人称之为"霍京恩炮击行动",这次炮击行动的成功,鼓舞了苏军大规模使用 B-4 榴弹炮的热情。

　　B-4 榴弹炮在大城市攻坚战役中发挥了巨大的作用。B-4 榴弹炮摧毁了无数坚固的钢筋混凝土工事,特别是在 1944 年 6 月 10 日的列宁格勒战役中,由维德门德科少校指挥的两个 B-4 榴弹炮连,摧毁了用钢筋混凝土加固的地下碉堡,其中一发炮弹打穿地下三层楼板后才爆炸,以至于德军士兵惊恐地将 B-4 榴弹炮称为"斯大林之锤"。

苏联卫国战争中的 B-4 榴弹炮

　　1945 年 4 月,苏军开始攻打柏林。希特勒龟缩在铜墙铁壁的地下碉堡中,准备最后一搏。4 月 28 日,柏林巷战开始,坚守兰德维尔桥头堡的德军仍不肯放弃抵抗。苏军劝降的传单被他们拿来卷烟。刚开始时,苏军调集了 152 毫米榴弹炮,但效果不大。一轮炮击后，德军士兵坐在兰德维尔桥头堡上兴高采烈地抽着烟，似乎在故意挑衅苏军。

突然，有几个德军士兵从炮镜中发现河对岸的一些异常，和自己对射半天的苏军坦克纷纷后撤，几十个庞然大物在拖拉机和坦克抢救车的前拉后推下一字排开。原来，苏军调来了自己的镇国利器——203毫米B-4榴弹炮。苏军新一轮的火炮攻击开始了。

一阵"隆隆"的炮声，振聋发聩。"大家赶快离开！快！"见识过这种怪物的老兵发出惊呼，阵地上一片混乱，即便是党卫队督战官也难以制止。很快，这些怪物终于印证了德国老兵的不祥预感。炽烈的火舌瞬间将兰德维尔桥头堡吞没……创造这一切的战绩正是被德国士兵称为"斯大林之锤"的B-4榴弹炮。在B-4榴弹炮强大火力攻击之下，德军士兵非死即伤，纷纷败下阵去。苏军也因此阔步前进，顺利地赢得了柏林巷战。

1945年4月30日，苏军第150师和第171师抵达"第三帝国"的象征——国会大厦。面对负隅顽抗的德军，苏军集中89门B-4榴弹炮进行直瞄射击，国会大厦的墙面顿时变得千疮百孔，用砖石堵住门窗构成的火力点连同后面的士兵都被炸碎，大厦厚实的墙面也被炸开若干大洞。14时25分，苏军三个步兵营冲进国会大厦，经过近乎疯狂的近战，到18时，红军战士终于在国会大厦主楼圆顶上升起了红旗。同日，纳粹头子希特勒自杀身亡，法西斯德国寿终正寝。

第二次世界大战结束后，苏联仍将B-4榴弹炮的生产线维持了四年之久，直到1949年新一代300毫米口径自行加榴炮问世，才将B-4榴弹炮停产。据统计，苏联共生产了1211门B-4系列榴弹炮，直到今天，它仍然是圣彼得堡炮兵博物馆里的伟大杰作。

04 "多拉"巨炮的悲剧下场

◇ ....

　　1942年年初，曾制造出巴黎大炮的德国克虏伯兵工厂，又研制出一门超巨型大炮——多拉大炮。巴黎大炮以射程远而闻名，但口径并不是很大，发射的炮弹也不惊人，而多拉大炮的口径则达800毫米，可发射重量超过7吨的炮弹。多拉大炮的体积、重量、威力都是空前的。它的长度接近两个篮球场，高度相当于4层楼房，全炮重达1329吨，是真正的火炮头号霸主。如果与现在的155毫米口径火炮和数十千克的炮弹相比，简直是巨人与侏儒之间的对比。

　　多拉火炮由一名陆军少将指挥，火炮班操作人员1420人，班长是一名上校。另外还有担负警卫、防空和维修保养任务的人员，共4120名官兵伺候着。这门大炮的调动使用权，直属德国陆军司令部，动用它必须由参谋长哈尔德上将批准。

德国"多拉"超巨型炮

这门巨炮的诞生与希特勒密切相关。1928 年，法国为防止德国入侵，沿法、德边界构筑了一条举世闻名的马其诺防线。该防线长390 千米，约由 5800 座永备工事组成。工事坚固，其掩蔽部顶盖与墙壁厚度均达 3.5 米，装甲塔堡的装甲厚度为 300 毫米。即使有像大贝尔塔（德国重炮）那样 420 毫米口径火炮的炮弹直接命中，也难以造成人员伤亡与装备的损坏。

希特勒希望研制一种能攻克马其诺防线的大炮,实力雄厚的克虏伯兵工厂承担了此项任务。历经七个春秋,一门可以载入世界吉尼斯纪录的巨炮问世了,它大得出奇,炮的口径为800毫米,炮膛内可蹲下一名大个子士兵。为纪念该厂的创始人古斯塔夫·克虏伯,希特勒叫它重型古斯塔夫,而设计师为纪念自己的妻子,将巨炮命名为多拉。

1942年3月19日,是多拉火炮进行试射的日子。希特勒在几位元帅和将军的陪同下,冒着料峭春寒,乘专列从柏林来到戒备森严的鲁根沃尔德靶场,观看试射情况。

中午12时20分,随着少将指挥官的一声号令,一发长7.8米、重7086千克的混凝土破坏弹飞出炮口,落在了26.09千米外的目标区,将设在那里的模拟工事全部炸毁。40分钟后,火炮以45°射角,又发射了一发重4759千克的榴弹,射程达47.22千米。希特勒对多拉火炮的威力非常满意。

为了装运这门火炮,克虏伯兵工厂还研制了专门的军用火车,速度可达60千米/小时。装运时,身管、炮尾、炮闩、炮架等部件都得拆卸下来,连同弹药等共需60个车皮。由于火炮宽度为7米,标准铁轨无法运输,特别为它铺设了双轨铁道。到达发射阵地后,需动用巨大的龙门吊车,安装好全炮需1500人忙碌20余天。

1942年6月,多拉火炮首次用于实战,参加进攻塞瓦斯托波尔城的战斗。塞城位于乌克兰克里米亚半岛西南端,是一个濒临黑海的战略要地。从1941年冬天起,德军就多次进攻塞城,苏军凭借坚固的工事浴血奋战,使德军200多天未能攻克。1942年5月,在第11集团军司令曼施泰因上将的指挥下,十几万德军和上千门火炮聚集在塞城周围。多拉火炮也被从德国调来。6月7日,德军向塞城发起了空前猛烈的进攻。多拉大炮向城内七个主要目标发射了48发重型炮弹，城中不时响起震天动地的爆炸声，而且塞城一座秘密弹药库也突然发生爆炸。这座弹药库是动员数千军民经过长期苦战建起来的。为了防御敌机的轰炸或炮火袭击，弹药库建造在地下30米的深处，上面覆盖有厚厚的钢筋混凝土。但是，这座坚固的弹药库被多拉炮的一发炮弹击中爆炸起火。

塞城终于失守，德军占领了克里米亚半岛。

塞瓦斯托波尔战役后，多拉火炮又先后奉命往斯大林格勒、莫洛托夫城等地参战。1944年，德国秘密警察头子又使用多拉炮镇压波兰武装起义。之后，多拉火炮就销声匿迹了。

从初次登场到最后镇压华沙起义，多拉炮总共发射104发炮弹。尽管多拉炮取得一些战果，但与人们对它的期望相差很远，与制造它的成本更是不成比例。多拉炮尽管威力巨大，但它非常笨重，运输、架设都费时费力，而且它的寿命也很短，每个炮管只能发射几十发炮弹，就得换新炮管，不然就会爆炸。

1945年5月，德国法西斯战败投降，多拉巨炮成为苏军的战利品。之后又被运到盟军占领区，成为盟军研究巨炮的样品。一位美国士兵站在巨大的炮膛内照了张相片，成为珍贵的历史镜头。最后，这座空前绝后的超级巨炮被拆解，结束了它短暂而奇特的一生。尽管德国制造了这种世界上最大的炮，但也没能挽回失败的命运，只不过在兵器史册中，多了一个传奇而已。

05　天皇"亲赐"的山炮

◇ ··················

1942 年 4 月 16 日，日军五虎将之一的旅团长吉田一郎少将率部进山扫荡。但是在路上遇到八路军的伏击，把日本鬼子打得人仰马翻，只好丢弃十多辆汽车和大炮，扔下 160 多具尸体逃跑了。

在打扫战场时，有一个战士喊道："快来看啊，这儿有一门大炮！"那时，八路军装备很差，迫击炮都很少，更不要说山炮了。军分区刘司令马上过来看山炮。说是炮，其实只是一个炮架，没有炮筒，两个胶皮轮子也烧焦了，冒着黑烟，生出一股呛人的胶臭味。"炮筒呢？"刘司令问打扫战场的王连长。"没，没发现！"王连长回答。"有炮架，就一定有炮筒，你们顺着敌人逃跑的路线，好好找一找，肯定有炮筒。"刘司令员急切地说。

"是，一定找到炮筒！"王连长一挥手，带着一个班出去了。

不一会儿，前面传来了欢呼声，一个满身泥水的战士扛着炮筒，气喘吁吁地跑过来，边跑边喊："找到了，找到了……"

　　刘司令一看，果然是一尊炮筒。他高兴地迎上前，帮助那名战士从肩膀上卸下炮筒。"这小鬼子挺狡猾，打了败仗，乖乖投降不就得了，还把这炮筒子拆下来，丢到前面的河里"王连长一边帮着拧衣服上的水，一边说。

抗日纪念馆中的日式山炮

　　这炮筒有人的大腿粗，两米多长，筒身虽然沾满了泥水，但完好无损，轻轻一擦，油光瓦亮。刘司令欢喜地上下抚摸着，忽然摸到炮口上有一串花纹，仔细一瞧，原来上面有两行小字，他又仔细地看了一眼那两行字，是日文，不知什么意思。

　　一天，刘司令正在看文件，警卫员进来报告说，日本鬼子派来一个维持会长，带来吉田一郎少将的一封信。刘司令让警卫员把维持会长带进来。一个50多岁的老头走进刘司令的屋子。老头说："日本人限我三天把信送到，不然我全家就没命了，请司令看完信后，给我写个回条，我好回去赎全家人的性命。"说着把一封信递了过去。刘司令接过信，仔细地看起来。信是日本翻译写的，全文是："将军阁下勋鉴：4月16日，皇军在榆武公路上与贵军遭遇，

丢失山炮一门，闻悉该炮现存于贵部。此炮乃天皇陛下亲赐给吉田
旅团长的，吉田将军视此炮为最高荣誉，如其命也，将军如能奉
还，皇军将满足阁下提出的一切条件，此奉，大安。"

看完信，刘司令才知道缴获的山炮是日本天皇赐给所谓的圣战
英雄的，怪不得炮筒上刻着两行字。现在山炮已经修复，八路军可
以用这门山炮狠狠打击日本侵略者了，这岂不是对天皇发动侵略战
争最好的报答和最大的讽刺吗？可气的是，被缴获后，竟然还找上
门来像做买卖似的搞交易，真是欺人太甚。信中还说满足一切条
件，那让他们滚出中国去，他们能答应吗？刘司令对维持会长说：
"这门山炮是八路军从战场上缴获的，是日本鬼子侵略中国的铁证，
他想要炮可以，让他七天以后自己到白庄来取。"

但是，吉田一郎没有敢来。

不久，在子洪口战斗中，这门炮发挥了作用。它虽然口径不
大，但打得远、打得准，每回发射的炮弹都像长了眼睛似的一发接
一发地落到敌人的头上，炸得日本鬼子尸横遍野。那次战斗，共击
毙日军210余人，其中大概有一半是被这门山炮炸死的。

从此，这门山炮成了八路军的正式装备，一直跟着刘司令转战
南北，打击日寇，直到抗战胜利。

06　　　　　　　　　　　　　　　日军的丧门炮

◇······················

　　1944 年 3 月，日军对苏南抗日根据地进行频繁的扫荡。3 月 29
日上午，广德门口塘据点的日军南浦师团一个中队 100 余人，在
300 余名伪军配合下，携带一门崭新的日产 92 式榴弹炮（当年抗战
军民都叫它 92 式步兵炮）出门了。别看 92 式步兵炮比迫击炮大不
了多少，它可是当年日军的重武器。92 式步兵炮射程远，炮弹爆炸
力大，特别是还可以平射，在当时的战场上可谓威力巨大。

　　扫荡的大批日伪军窜到杭村一带，新四军某部闻讯后，立刻行
动。新四军的一部分人插入杭村西南的慈姑山，待敌接近，突然出
击，截断敌人的后路。另一部分则抢占了杭村东南的牛头山，从侧
翼夹击敌人。日伪军慌忙丢下抢掠来的鸡鸭等东西，就地顽抗，有
的还脱下皮鞋，准备突围逃跑。我军的指挥员用望远镜观察敌军正
在调 92 式步兵炮，便将迫击炮调到牛头山阵地。指挥员对身边的

炮手说："我们要用小炮打大炮，不能让大炮轰我们！"炮手立即操作起迫击炮来，第一发炮弹落在敌人92式步兵炮附近，紧接着第二发炮弹就落在了敌人拉炮的几匹战马中间。有的马被炸死，有的马狂蹦乱跳，敌人也和受惊的马匹一样乱作一团。我军趁势从两边的山村中杀出，以迅雷不及掩耳之势冲向敌人，把敌人全部压到一块麦田里。经过一阵白刃格斗，除少数敌人逃走外，其余敌人被我军歼灭。那门92式步兵炮当然也成了我军的战利品。

日本派遣军总司令冈村宁次得知杭村一战丢了大炮，十分震怒，严令南浦师团夺回大炮。对于日军，这是它在苏南战场上丢掉的最重要的一件武器；对新四军来说，缴获了这门步兵炮，如虎添翼，有利于打击日军推行的堡垒政策。于是，第二天，日军就出动了1000多人，配以特务、汉奸和伪军，专门寻找这门大炮。如何保护这门大炮，成了新四军战士最关心的问题。开始，部队把大炮拆开，分成几部分，马拉人扛随部队行动，在长兴煤山一带与日军捉迷藏。可是，部队不能总是兜圈子，于是新四军就地掩埋了大炮，然后撤离了这一地区。日军漫山遍野到处乱挖，并张贴告示悬赏。日军还强行把老百姓集合起来，把钞票摊在桌上进行利诱。苏南老百姓根本不理敌人那一套。日军南浦师团长还厚着脸皮写了一封信，信上说："没有大炮的日子很不好过，请你们将大炮还给我们。"并提出了交换条件。新四军回信说："你们有本事就来拿，我们可以较量较量。"敌人恼羞成怒，烧掉一些房屋，还把丢炮的日军中队长押解到苏州枪毙了。

92式步兵炮保住了。1944年夏，新四军在苏南发起攻势，这门大炮大显神威。8月23日，新四军攻打长兴县外围据点。当新四军顺利进展到伪军营部时，伪营长竟然在碉堡上叫喊："新四军没有炮，我们不怕！"新四军立即将92式步兵炮对准碉堡，伪营长从枪眼里看见大炮真的对准他们，吓得连声喊叫："别开炮，别开炮，我们投降！"战斗结束后，92式步兵炮又调到和溪，这时攻打镇北大祠堂的战斗正呈对峙状态。92式步兵炮瞄准祠堂正门的碉堡一声怒吼，碉堡一下子被轰了个大窟窿。敌人吓破了胆，纷纷跑出来投降。当时延安《解放日报》详细报道了这场战役，其中特别提到这门92式步兵炮。如今，这门缴获的日制92式步兵炮就陈列在中国人民革命军事博物馆，成为我国人民抗击外来侵略的历史见证。

07 创新的榴弹炮 GC – 45

◇ ....

第二次世界大战结束后，榴弹炮性能的提高并不理想，当时不少国家寄希望于火箭增程弹，并投入大量人力、物力，结果虽然增大了射程，但在精度、威力、可靠性等方面都不尽如人意。

就在这时，加拿大的魁北克航天研究公司独辟蹊径，率先研制出一种 GC – 45 火炮。它的设计者就是后来遭到刺杀的火炮天才布尔博士。他大胆地将火炮身管加长 1 米，从 39 倍口径增加到 45 倍口径。他在 155 毫米火炮领域掀起了一场"45 倍口径革命"。45 倍口径是什么意思呢？这是火炮设计中的一个术语，它是指火炮身管的长度是口径的 45 倍，也就是说，155 毫米火炮身管长达 7 米。155 毫米火炮是西方大量装备的一种制式火炮，过去最大才是 39 倍口径，射程不超过 30 千米。布尔大胆设计了 45 倍口径的新型榴弹炮和世界上第一种远程全膛弹，其特点是取消了传统弹丸中段的圆柱体，使整个弹丸从弹带到引信头部呈圆卵形状，从而使它在飞行中的波动阻力减小 30%，使射程得到大幅度增加，达到了 40 千米，使美国的 M198 式 155 毫米火炮相形见绌。身管采用先进的电渣重熔钢技术，并且经过自紧处理，扩大了药室以承受更强的高压气体。48 条膛线在离炮口 12.7 毫米处终止，以防炮口出现裂痕或变形。行军时炮身回转 180 度。液压平衡机与高低机连接，可抵消加长身管后产生的不平衡力矩，并使炮手可轻便地操作高低轮。大架开架可达到 84 度，火炮射击时稳定性好并有较大的方向射界。借助液压起重式支承座盘，一名炮手在 90 秒钟内即可轻便地支起火炮，通过传动装置和架尾轮进行 360 度回转。

加拿大 GC－45 新型榴弹炮

　　GC－45 新型榴弹炮最突出的优点是使用长身管和新颖的远程全膛弹以后，使 155 毫米新型榴弹炮的射程不用火箭增程技术也达到了 30 千米。1981 年，这种火炮在中东最大射程达到 43 千米，比老式榴弹炮射程增大了 1 倍以上。

　　1976 年，布尔博士的魁北克空间研究公司和比利时 PRB 公司在布鲁塞尔共同组建国际空间研究公司，继续进行 GC – 45 火炮的详细设计工作。1979 年 11 月，国际空间研究公司将 GC – 45 加榴炮的生产许可权和销售权转让给了奥地利沃斯特 – 阿尔皮诺公司，从此开始了 45 倍口径长身管压制火炮技术在全世界范围的扩散。这样在 20 世纪 70 年代末，奥地利的 GHN45 型、南非的 G5 和 G6 型、西班牙的 ST – 155/45 型等一大批 GC – 45 火炮的变种炮，如雨后春笋般纷纷出现。

　　后来，布尔又提出了一种 45 倍口径 203 毫米火炮方案，设计了射程达到 50 千米的 VSP203 式 203 毫米自行榴弹炮。一时间，45 倍口径概念风靡世界，引发了火炮领域里的一场重大的革命性飞跃。

　　布尔还设计了数种 155 毫米口径远射程火炮，如南非制造的 G5 和 G6 型、奥地利的 GHN45 型等。与此同时，布尔还协助伊拉克研制出 203 毫米口径自行式巨型"法奥"加榴炮。"法奥"自重 53 吨，炮管长 11 米。它发射的炮弹是用火箭推进器加速的，射程达 60 千米，用这种火炮每分钟最多可发射 4 枚 120 千克重的炮弹。据说，自行火炮的行军速度每小时可达 80 千米。专家认为，"法奥"是世界上最好的火炮，其性能和威力不亚于任何西方的火炮。

08　　　　　　　　　　　布尔博士死亡之谜

◇ ....

　　1990 年 3 月 22 日晚 7 时许，一个打扮入时的女职员，按照约定的时间，来到了她的老板住的公寓，这是位于比利时首都布鲁塞尔市近郊的一座高层建筑。女职员打开电梯，突然大叫了一声。在幽暗的灯光下，她看到一个身材魁梧、秃顶的男子躺在电梯里，地上流满了血。死者正是她的老板布尔博士，头上和背上各中一枪。

　　没人听到响声，没人看到凶手，也没人宣称对此事负责。警方在现场发现，布尔身上有一份秘密文件，上面标有暗地为伊拉克的"超级大炮"提供部件的欧洲各国公司所形成的巨大商业网络，布尔随身携带的两万美金分文不少。这显然是一起政治谋杀，刺客是训练有素的职业杀手。

　　布尔为什么会遭到暗杀呢？这要从他的工作说起。第二次世界大战后，火箭和导弹已经代替了巨型火炮。正当人们以为巨炮已经寿终正寝时,在 20 世纪 90 年代的海湾危机中,它又神秘地闯入世人的眼帘。

1990 年 2 月,英国《防务》月刊登了一篇题为《为伊拉克造一种宇宙大炮》的文章,文章声称当今世界上最杰出的火炮设计师吉拉德·布尔正在为伊拉克研制超级火炮。它能把卫星或炮弹射入低层地球轨道。这一报道如同一枚炸弹,顿时在西方舆论界引起了一场轩然大波。布尔和他的超级大炮,立刻成了西方军界和情报机构最感兴趣的目标。

布尔 1928 年出生于加拿大安大略省的诺思贝,在 10 个兄弟姐妹中排行第九。3 岁时母亲去世,当律师的父亲离家出走,他由叔婶带大。童年的不幸造就了布尔敏感、孤独并易发怒的性格,但他在学校里却是出类拔萃的学生。22 岁时,他以出色的成绩成为多伦多大学最年轻的博士。不久,他便以火炮技术和创造上的杰出才能崭露头角。1961 年,他被聘为蒙特利尔麦吉尔大学的工程学教授,次年就任该大学宇宙研究所所长。

1965 年,一位德国中年妇女悄悄来到蒙特利尔,寻访布尔教授,这位妇女的父亲是第一次世界大战时参与"巴黎大炮计划"的工程师。她显然是带着巴黎大炮的秘密来的。在她的帮助下,布尔便与超级巨炮结下了不解之缘。

布尔与美国陆军研究发展部、加拿大国防部合作,在加勒比海的巴巴多斯岛建立了一个实验场,开始了代号为"高空飞行研究计划"的秘密使命。

布尔认为,根据作用力与反作用力

巨炮与布尔博士

的原理，如果巨型炮的发射物是一枚有推力的火箭，其射程将得到极大延伸。于是他在较短时间内，将美国海军的两门大炮焊接起来，制造出一门长达 36 米、口径 424 毫米的巨炮。在随后的试射中，大炮成功地将 90 千克重的炮弹抛向了 180 千米高的太空。这门巨炮也因其试验而被称为"巴巴多斯大炮"。在世界上现存的可实用的大炮中，这门"巴巴多斯大炮"所保持的纪录至今仍未被打破。

虽然"巴巴多斯大炮"取得了成功，但加拿大官方于 1967 年 6 月中止了计划。因为他们和美方都认为发射导弹比大炮更先进。

布尔决定单干，他试图把自己的知识和技术卖给任何愿意出钱的人。布尔的才能很快受到一位神秘人物的青睐。此人就是伊拉克军事工业部部长卡迈勒·侯赛因，萨达姆总统的女婿。这时布尔发明了一种加榴炮，他称之为 GC - 45 加榴炮。这种炮投入军火市场后，很受欢迎。

1985 年，伊拉克从布尔那里得到 200 门 GC - 45 型大炮，并且布尔被伊拉克政府聘为顾问。此后，在卡迈勒的支持下，布尔为伊拉克军方先后改造了苏制 130 毫米加农炮，设计了数种 155 毫米口径远射程火炮，如南非制造的 G5 和 G6 型，奥地利的 GHN45 型等。与此同时，布尔还协助伊方研制出 203 毫米口径自行式巨型"法奥"加榴炮。用这种火炮每分钟最多可发射 4 枚 120 千克重的炮弹。由于伊拉克军队的炮兵的火力得到极大加强，终于掌握了战场主动权。据统计，伊朗在 8 年战争中阵亡的 20 万官兵中，有一半是在炮火中丧生的。

1985 年夏，布尔与伊拉克签订了一项秘密合同，由他主持"巴比伦计划"，研制可远距离发射化学、生物弹头及小型人造卫星的非常规武器——超级巨炮。布尔用两个月时间制定了超级巨炮的规格：炮管口径 1 米，长度 156 米，总重 1665 吨，高度相当于华盛顿纪念碑。计划很快获得进展，一门绰号"巴比伦婴儿"、口径达 1 米的试验型超级巨炮，在伊拉克北部摩苏尔城附近进行了试射。

1990 年年初，布尔说他接到了匿名电话，威胁他若不与萨达姆断绝关系，将要他的命。果不其然，3 月 22 日傍晚，就发生了刺杀事件。

4 月 11 日，英国海关官员在英国中部蒂斯波特港货运码头强行登上一艘定于次日起航前往伊拉克的船只。在"格尔·马里纳号"货船上，海关没收了 8 根用木板包装的巨型钢管。海关申报说这是输油管的一部分。同月，瑞士一家钢厂为伊拉克生产的部件也在德国法兰克福被扣。5 月，又有一批运往伊拉克的巨型钢管分别在土耳其伊斯坦布尔和意大利那不勒斯港被查封。还有一些巨炮的零部件在土耳其和希腊的汽车上被没收。几乎同时，一位涉嫌参与超级巨炮后膛装置设计的意大利工程师被捕，两位英国商人因走私军火被起诉，其中一人是布尔的雇员。据英国情报机构透露，此时制造巨炮所必需的 52 根直径 1 米的巨型钢管，伊拉克已经获得 44 根。

关于布尔遇害，西方舆论界普遍认为，布尔很可能是英国、美国、南非甚至智利、伊拉克军火集团的牺牲品。但此事最大可能是以色列情报机构摩萨德所为。因为萨达姆发展大规模杀伤武器，会直接威胁到以色列的国家安全。但以色列官方矢口否认与布尔遇害有任何关系。布尔之死至今仍然是一个谜。但是有一点可以肯定，布尔是因为研制了超级巨炮，才遭人暗算的。

海湾战争后，联合国检查人员在巴格达以北 200 千米处的哈雷恩山找到了一门 350 毫米口径的超级大炮，还有一些 1000 毫米口径火炮的部件。至此，伊拉克秘密研制超级大炮计划昭然于世：拟造三门大炮，首先是口径 350 毫米的试验型，另外两门是口径 1 米的实战型，计划三年后作为战略武器使用。布尔的死使伊拉克超级大炮的计划成为泡影。

09　　　应急中诞生的小"机灵鬼"

◇ ·················

　　世界上第一门迫击炮诞生已经 100 多年了，说起它的诞生不免有些心酸。因为它诞生在中国的土地上，而且是在中国土地上开打的日俄战争中。

　　1904 年 2 月，在中国辽东半岛爆发了日本和俄国争夺远东地区霸权的战争——日俄战争。日军进攻由俄军防守的我国旅顺港。旅顺口易守难攻。日军屡攻不下，改用挖壕筑垒战术，悄悄逼近俄军阵地。

　　起初，俄军凭险设阵，多次挫败日军进攻，很是得意。等到俄军发现日军挖壕筑垒战术时，日军已把堑壕筑到离俄军阵地仅 50 米远的地方了。形势非常危急，俄军指挥官库特拉坚将军望着日军堑壕很是恼火，轻武器打堑壕没什么威胁，等于挠痒痒，野战炮、岸防炮对近距离目标有劲使不上。他感到束手无策。在这紧急关头，年轻的俄军上尉戈比亚托忽然觉得有一个办法可以试试。他向将军建议，把47毫米口径的轻型海军炮装在一种带车轮的炮架上，以大仰角发射超口径长尾型炮弹打击日军战壕。司令官也没有别的办法，便决定按照戈比亚托的建议试一试。

1904年11月9日中午，隐蔽在堑壕里的日军士兵正在吃着香喷喷的饭团，他们都很轻松，因为他们知道，俄军不会使用大炮，而重机枪子弹对厚达两米的掩体又无可奈何。再说子弹又不会拐弯，从头顶上落下来。但是，他们没有想到灾难很快就要降临了。这时，空中忽然传来一阵"嘶嘶"的响声，接着一颗又一颗拖着白烟的炮弹从天而降。

"怎么回事？"日军士兵都愣住了，一时不明白发生了什么事，就在一愣神的工夫，一发炮弹已经在堑壕里爆炸，顿时弹片乱舞，堑壕东垮西塌。这时，有几个胆大的日本兵想看看俄军使用了什么秘密武器，就趴在掩体边向对面阵地望去。只见几门怪模怪样的火炮，仰着脖子向天空发射，一簇簇炮弹喷着白烟，在天空中划出一道道曲线，向着自己的掩体飞来。

"不好了，怪物！"吓得魂不附体的日本兵不敢再看下去了，炮弹正向他们的头顶上飞来。

这种应急使用的炮和炮弹就是最早出现的迫击炮和迫击炮弹。这种世界上最早的迫击炮是临时构架的，既粗糙，还有不少毛病。但它已经展现出迫击炮的性能特征。它的射程为40～50米，以45°～65°射角发射。虽然威力不十分大，但却使人们认识到弹道弯曲的火炮即迫击炮，是近距离支援步兵的一种有效武器。从此，火炮家族又增添了一个新炮种——迫击炮。它的优势在于最小射程近，弹道比榴弹炮更弯曲，适用于对近距离遮蔽物后的目标射击。这种在战场上应急产生的火炮，当时被叫做"雷击炮"。后来为什么又叫迫击炮呢？这是因为迫击炮是一种由炮弹依靠自身重力"强迫"炮膛发射的火炮，由此得名迫击炮。

戈比亚托因发明世界上第一门迫击炮而受到上司器重，后晋升为俄国炮兵中将，他的名字被载入了军事百科全书。

迫击炮是支援和伴随步兵作战的一种有效压制兵器，是步兵极为重要的常规兵器。由于它火力猛，运动能力强，弹道比榴弹炮更弯曲（射角可达85°），可以杀伤隐蔽的敌人和摧毁敌方的轻型工事及其他设施。所以，迫击炮可称为火炮王国里的"小炮之王"，也有"战场轻骑兵"之美誉。

现代迫击炮的基本架构和发射模式是在第一次世界大战中完善起来的。为对付遍布战场上的无数堑壕，迫击炮受到重用，发展迅猛。俄国迫击炮被多个国家仿制。

1927年，法国研制的81毫米迫击炮采用了缓冲器，克服了炮身与炮架刚性连接的缺点，结构更加完善，已具备现代迫击炮的特点。到第二次世界大战时，迫击炮已是步兵的基本装备。如当时美国101空降师506团E连的编制140人，分为3个排和1个连指挥部。每排有3个12人的步兵班和1个6人的迫击炮班。每个步兵班配备1挺机枪，每个迫击炮班配备1门60毫米迫击炮。此时，迫击炮已相当成熟，完全具备了现代迫击炮的种种优点，如射速快、威力大、质量轻、结构简单、操作简便等，特别是无须准备即可投入战斗，这一特点使其在第二次世界大战中大放异彩。据统计，第二次世界大战期间地面部队50%以上的伤亡都是由迫击炮造成的。

世界上最大的迫击炮是美国的"利特尔·戴维"，它诞生在第二次世界大战中，现存放于美国马里兰州军械博物馆。该炮的口径为914毫米，炮筒重6.504吨，炮座重7.256吨，发射的炮弹质量约为1.700吨。它是为当时盟军正面攻破德军齐格菲防线而秘密设计研制的。然而，这门独一无二的迫击炮刚造好，战争就结束了。第二次世界大战后，一些口径在100毫米以上的重型迫击炮与普通榴弹炮一样，也是炮尾装填炮弹，而且炮内有膛线，并装有反后坐装置。

美国"利特尔·戴维"迫击炮

20世纪六七十年代，迫击炮发展迅猛，繁衍出许多新品种，如自行迫击炮、加农迫击炮、多管齐射迫击炮、无声迫击炮等。这些后生小辈大多相貌堂堂地乘坐战车，全身披挂豪华技术装备，功能齐全，十八般武艺样样精通。

与其他火炮相比，迫击炮有很多特点：一是迫击炮的弹道弯曲，适合对隐蔽物如山丘背后的目标进行射击，也可对近距离目标进行直接射击；二是迫击炮装弹容易，射速高（20～30发/分），火力猛，杀伤效果好；三是迫击炮质量轻、体积小，机动性强，打了就跑，能快速转移阵地；四是迫击炮结构简单，造价低，易于大规模生产。迫击炮按运动方式可分为便携式、驮载式、车载式、牵引式和自行式迫击炮。

　　在迫击炮家族中，数量最多、使用最为广泛的是便携式迫击炮，就是我们常在影视剧中看到的步兵使用的"坐地小炮"。一般来说，便携式迫击炮由炮身、炮架、座钣及瞄准具四大部分组成。炮身可根据射程的远近做不同选择，炮身一般在 1 ~ 1.5 米之间，炮架多为两脚架，可根据目标位置调节高低和方向，携行时可折叠，座钣为承受后坐力的主要部件，同时与两脚架一起共同起到支撑迫击炮体的作用，瞄准具多为光学瞄准镜，刻有方向分划和高低分划。

美国 60 毫米迫击炮

　　进入 20 世纪 90 年代，美国陆军研制出了一种全新的遥控操作全自动 120 毫米迫击炮系统，名为"龙火"。其主要特点是：紧急有效的火力支援，避免操作人员暴露在敌人炮火之下，具有反迫击炮雷达系统能力及相应的高精度瞄准能力，减少操作武器所需人力和节省训练费用。1999 年 4 月进行了作战试验，发射了 250 发炮弹，最大射程 14 千米。试验表明，线膛迫击炮弹的精度优于滑膛尾翼稳定弹。

　　"龙火"的新意首先在于它是一个完全模块化的系统，既可以安装到 LAV – 25 轮式步兵车底盘上，也可以作为牵引火炮使用。"龙火"的底盘实现多样化，不仅增强了对不同地形、不同任务的适应能力，也使美国海军陆战队在预算上有更多选择，还减轻预算压力。这种迫击炮能够快速运输和部署在战术要地，再从一定距离外遥控操作，并在需要时发出射击指令。

"龙火"的另一个新奇之处是它配有火炮战术数据系统、射击指挥系统、目标定位指示移交系统和车载导航/瞄准系统，实现了自动化指挥，能执行多种作战任务。它主要由 CH - 53E 直升机和 MV - 22 偏转翼飞机运载。着陆后，炮手在 1 分钟之内就能使"龙火"迫击炮转入战斗状态。只要地形相对平坦，设备就可以充分利用"龙火"的弹道计算机系统的先进功能，结合车载陀螺仪来稳定武器，使其具有行进间射击能力，因而可能会成为第一种具备行进间射击能力的非炮塔式自行迫击炮。这意味着一线部队可以随时召唤"龙火"的火力支援，大大提高陆战部队的"战场通过能力"。"龙火"从接到射击指令到定位、瞄准、射击，仅用 12 秒钟，而普通迫击炮要用几分钟。

美国"龙火"120 毫米迫击炮

比利时研制的 NR8113 型迫击炮，外形类似突击队用的小型迫击炮。这种迫击炮可以做到没有火光和烟雾从炮口泄出来，射击时的响声也小得多，不易被敌人探测到发射阵地的位置，成为名副其实的"隐形"迫击炮。它使用寿命长，射击稳定性好，可以发射杀伤榴弹、照明弹、发烟弹等多种弹药，完成不同类型的射击任务。

　　20世纪80年代，奥地利设计了一种新型迫击炮，这种武器把四门120毫米迫击炮的炮管排在一起，上部用框架固定住，下部装在一个特别大的长方形座钣上。行军时，四门火炮一起向上翻转，架在一辆军用汽车的后车厢上，炮手和炮弹也一起在车上，可以在战场上快速行驶。进入发射阵地后，通过液压控制装置，将火炮随同尾部座钣一起缓缓向后落下，四根炮管稳固地立在地面上。这时由两名炮手从炮口装填炮弹，一名炮手操作武器，它可以单发射击，也可以急速齐射，只要1秒钟就可以发射4发炮弹，攻击11千米远的目标。完成射击任务后，只用90秒钟就可以撤出阵地，转移到另一阵地继续战斗。如果用三门这样的迫击炮组成一个炮兵排进行快速射击，一次齐射12发炮弹，可以覆盖150米×100米的面积，相当于一个105毫米榴弹炮营齐射的火力。

　　目前，除奥地利外，澳大利亚和东南亚、中东、非洲的部分国家都进口了这种炮。

　　为了适应战争的需要，迫击炮表现出如下发展趋势：

　　第一，配用和研制本领不凡的新型弹药，如串联式聚能装药、子母弹、能使敌方武器装备中的激光传感器失效的迷盲弹药、反装甲制导炮弹、能用来攻击坦克顶装甲和反直升机的灵巧炮弹。

　　第二，改进火控系统，如采用侦察校射雷达、微型计算机和大容量、带数字传输装置的计算机。

　　第三，提高快速反应能力和防护能力，如配备自动装填机、自动化瞄准装置、地面导航装置，采用炮塔结构，具有高度机动能力。

10　神炮手赵章成

◇ ....

　　1934 年 10 月，中央红军长征时有 8.6 万大军，其中有 5 个炮兵营、23 个炮兵连，装备以迫击炮为主，这些炮都是从敌人那里缴获的。经过半年的艰苦奋战，红军渡过了金沙江，通过彝族区，来到了川康交界的大渡河畔。此时，中央红军已不足 3 万人，炮兵损失更大，担任先遣任务的红一军团炮兵营只剩下一个迫击炮连，有四门 82 毫米迫击炮。这种炮由金陵兵工厂制造，结构、性能与英国斯托克斯式、法国勃兰特式迫击炮相似，全炮重 68 千克，发射重 3.8 千克的炮弹，射程 100～2850 米。

　　红军的先头部队攻占了大渡河右岸的安顺场，但形势仍然十分严峻。前面是天险，大渡河宽 300 米，河水以每秒 4 米的流速奔腾咆哮，两岸悬崖高耸入云。后面有追兵，国民党十几万大军日夜兼程追击，数万川军也奉命向大渡河方向推进，妄图围歼红军主力于大渡河以南、雅砻江以东地区，声称一定要使红军成为"石达开第二"。当年，太平天国著名将领翼王石达开曾率数万大军进抵安顺场，因北渡未成，陷入清军重围而全军覆灭。但是，蒋介石的算盘完全打错了。红军不是当年的石达开，中国共产党领导的工农红军指战员，不仅具有一往无前、压倒一切敌人的英雄气概，还具有灵活机动的战略战术以及过硬的军事技术。

红军在攻占大渡河安顺场时，仅俘获了一条渡船，其余船都被敌人掠走或烧毁。5 月 25 日，先遣队司令员刘伯承、政治委员聂荣臻向红一团团长杨得志下达了强渡大渡河的命令，用这一条船载着 17 位勇士强渡大渡河。同时给一军团炮兵营长赵章成交代了任务：集中全部火炮，掩护渡河成功。

"保证完成任务！"在任何艰巨的任务面前，赵章成都没有半点含糊，这次也一样，他指挥迫击炮连，迅速在岸边占领了发射阵地。

对岸守敌是川军第 5 旅的一个营，在岸边峭壁上筑了几个土木结构的碉堡，以机枪火力封锁河面和渡口。距碉堡不远，有一个四五户人家的小村子和一片竹林，隐蔽着敌人的主力，随时可增援渡口。炮兵连的任务，就是用火力摧毁敌人的碉堡，压制敌预备队。但这时红军只有四门迫击炮和 31 发炮弹，每一发都必须准确命中目标。赵章成凭着多年积累的经验和娴熟的技术，仔细测量计算射击诸元，指挥炮兵连做好了射击准备，并亲自操作一门迫击炮。

杨得志团长一声令下，红一团第二连连长熊尚林率领的 17 位勇士乘船向对岸疾驶。敌碉堡的密集火力一齐射向渡船。赵章成稳稳地操作着迫击炮，首先瞄准对岸吐着火舌的敌主碉堡。只听"轰"的一声，一发炮弹腾空越过河面，准确地在碉堡顶上爆炸。接着，他又发射了一发炮弹，炸毁了另一个碉堡。红军的重机枪也向对岸扫射，压制住敌人的火力。

17 位勇士的渡船眼看就要接近岸边了，突然，敌人的预备队从竹林方向涌出，向渡口扑来。在这危急时刻，赵章成营长命令四门迫击炮转移射击，连续两个齐放，所有炮弹都在敌群中开花，伤亡惨重的敌人四处逃窜。渡河勇士迅速登岸，攻占了渡口工事。不久，第二只船载着后续部队渡过河，会同 17 位勇士阻击企图反扑的敌人。此时为了更有力地支援渡河部队作战，赵章成也随后续部队携炮过了河。但这时赵章成只剩三发炮弹了。他心里很清楚，面对疯狂反扑的敌人，每一发都必须击中敌人的要害。他判明敌情后，便使出了在多年实战中练就的绝招——简便射击法，赵章成用手臂抱着一个光溜溜的炮筒，凭经验目测距离，调整炮筒射角和射向。"轰隆"一声，炮弹在反扑敌人堆里爆炸，刹那间，十多个敌人倒了下去。这一炮把敌人炸了个晕头转向，好半天敌人才组织起队形，"哇哇"叫着又要往上冲。这时赵章成的第二炮又响了，这一炮准确命中了在后面压阵的指挥官，在前面冲锋的敌人一看当官的死了，又乱哄哄地退了回去。当敌人准备再做最后一次冲击的时候，赵章成的第三发炮彻底粉碎了他们的梦想。炮弹爆炸后，巨大的气浪和进飞的弹片把敌人的队形炸了个乱七八糟，敌人只好又连滚带爬地退了回去。红军步兵乘势发动进攻，粉碎了敌人的反扑。渡口牢牢地控制在红军手里。整个红一师和干部团从这里安全渡过了大渡河。赵章成的这三炮，在决定战斗胜负的关键时刻，起到了力挽狂澜的决定性作用，这神奇的三炮，永远载入了中国炮兵的史册。大渡河畔的安顺场，最终留下了"翼王悲歌地，红军胜利场"的佳话。战后，中央革命军事委员会发布命令，在嘉奖 17 位勇士的同时，也表彰了给予 17 位勇士有效火力支援的神炮手赵章成。

在后来的战斗中，赵章成不仅被誉为神炮手，他还成了发明家。他的发明有一弹多用和迫击炮一炮多用。他在战场上创造出小炮代替大炮、曲射炮代替平射炮的奇迹，这称得上是战争史上的新创举。

1940年9月，在百团大战中，时任八路军总部炮兵团迫击炮兵主任的赵章成指挥13团迫击炮连，攻打管头据点。该据点位于榆辽公路中段、管头村北的一个山梁上。日军山本中队在此驻守。周围有四个混凝土碉堡，围墙是很坚固的双层夹壁墙。日军就躲在夹壁墙里向外射击，八路军的机枪和迫击炮都奈何不了它。

赵章成指挥的迫击炮连总共有80发炮弹，因此每场仗只准打三四发，最多不超过五发炮弹。9月22日黄昏后，赵章成指挥迫击炮连从正面炮击日军前沿阵地，掩护突击队向敌人冲击。战斗打了一个通宵，数次攻击，依旧强攻不下。

9月23日早晨，上级命令13团要不惜一切代价，务必在当天下午5时前结束战斗。强攻不行，只能智取。大家在战地民主会议上讨论激烈，终于想出了用辣椒熏出日军的办法。管头村的老百姓听说要用辣椒熏鬼子，很快就给八路军送来了一大桶辣椒面。赵章成带着助手，一起卸下炮弹引信，倒出弹体内的炸药。先装辣椒面，再把炸药装上，最后把引信拧上。

下午3时，在赵章成的指挥下，20发辣椒炸弹全数打出，在日军碉堡、营房、阵地周围开了花。炮弹爆炸后，虽然没有对敌人造成大的杀伤，可是随着风，一股股辛辣的气味从射孔、门缝钻进了碉堡。敌人闻到这股气味后，不停地流眼泪、打喷嚏，连话都说不出来。突然，不知哪一个鬼子喊："糟了，这是八路军的毒气弹……"一听说八路军放毒气弹了，碉堡里的鬼子立刻炸了窝，不顾死活地打开了碉堡门，争先恐后往外跑。步兵兄弟一看乐了，立刻展开了射击比赛，将弃堡而出的日军全部消灭，我军终于攻取了管头据点。

这就是赵章成发明辣椒炮弹的故事。

11   小钢炮击毙日军 "名将之花"

◇ ....

　　迫击炮虽小，还击毙过一些大人物呢。在抗日战争期间，日本的陆军中将阿部规秀就是被一门普通的迫击炮击毙的。阿部规秀，1886年生于日本青森县，毕业于日本陆军士官学校，青年时期曾在日本关东军服役。1937 年 8 月，阿部规秀升任日本关东军第 1 师团步兵第 1 旅团旅团长，驻屯黑龙江省孙吴地区。同年 12 月，晋升为陆军少将。

　　1939 年 6 月 1 日，阿部规秀调任侵华日军华北方面军驻蒙军独立混成第 2 旅团旅团长。同年 10 月 2 日，晋升为日军陆军中将。他是擅长运用"新战术"的"俊才"和"山地战"的专家，在日本军界有"名将之花"之美誉。

　　1939 年 10 月底，日军阿部规秀中将派出 1000 多人进犯八路军晋察冀抗日根据地的涞源。不料，却被八路军在雁宿崖设伏，600余日军除 13 人被俘、少数漏网外，都被击毙。阿部规秀接到前线的战报后，恼羞成怒，这位日军的名将之花无法忍受失败的羞辱，于是亲点兵马，于 11 月 4 日率 1500 余精兵，出动数百辆汽车，杀气腾腾地猛扑过来，向晋察冀边区北线实施报复性"扫荡"。

八路军晋察冀军区司令员聂荣臻、第一分区司令员杨成武决定采用诱敌深入战术，在日军必经之地黄土岭集中了 5 个团的兵力，其中有几个装备迫击炮的炮连。这些个头不大、威力大的迫击炮，被抗日军民称为小钢炮。

黄土岭位于涞源县东南，是太行山北部群山中的一座岬口，四周山峦起伏，中间谷深路窄。11 月 7 日，骄横狂妄的阿部报仇心切，被巧妙纠缠的八路军少数部队诱入黄土岭、司各庄一带。严阵以待的八路军主力部队的上百挺机枪、十几门迫击炮，在统一号令下向日军开火。顿时，山谷中响起一片杀声，八路军从西、南、北三个方向发起冲锋，将日军包围在一条长约两千米、宽仅百米的峡谷里。黄土岭弥漫在硝烟火海之中。阿部规秀慌忙组织兵力，抢占了几个小山头，企图冲出包围圈。八路军针锋相对，寸土必争，包围圈越缩越小，战斗异常激烈。

战斗中，在前沿阵地指挥战斗的八路军团长陈正湘通过望远镜发现：在南山的一个山包上有一群身穿黄呢大衣、腰挎战刀的日军指挥官和几个随员，正举着望远镜观察战况，在距山包 100 米左右的一个独立小院内，也有挎着战刀的日军指挥官进进出出。陈正湘判断：独立小院可能是日军的临时指挥部，南面小山包可能是敌人的临时观察所。陈团长当即命令通讯员把炮兵连长杨九坪叫来。陈团长指着前方的目标问杨九坪："迫击炮能不能摧毁它？"杨九坪目测距离后果断地回答："距离 800 米，在有效射程内，保证把它消灭！"

杨连长接受任务后，几门小钢炮进入射击位置，迅速做好了射击准备。随着："预备，放！"的口令，一发发炮弹呼啸着飞向空中，像长着眼睛似的，直落阿部规秀的指挥所。

爆炸声震撼山谷，浓烟覆盖了敌指挥所。阿部规秀被炸成重伤，三小时后毙命。

黄土岭之战，共毙伤日军900余人，缴获200多辆载满军用品的骡马车、5门火炮、几百支长短枪及大批弹药。

战斗结束后，我方并不知道击毙了日军的一名中将。过了几天，日本报纸发布消息说："阿部中将……在这座房子的前院下达作战命令的一瞬间，敌人的一发迫击炮弹袭来，在距离中将几步远的地方落下爆炸。瞬间，炮弹碎片给中将的左腹和双眼以数十处致命的重伤……大陆战场之花凋谢了。"1939年11月27日，侵华日军在张家口召开了追悼阿部规秀的大会，华北方面军司令官多田骏中将在花圈挽联上写着："名将之花，凋谢在太行山上。"

击毙阿部规秀的迫击炮

这是八路军在抗日战争中击毙的第一个日军高级将领。八路军使用的这门普通迫击炮，因击毙日军中将阿部规秀而闻名于世，并被完好地保存了下来。如今，这门迫击炮被陈列在中国人民革命军事博物馆的抗日战争馆里，成为对那段历史永久的见证。

12　从"喀秋莎"火箭炮到
"龙卷风"火箭炮

◇ ......

1941 年 6 月，苏德战争爆发之前，苏联开始生产 BM－13 火箭炮和 M－13 火箭弹。6 月 28 日，苏军组建了第一个 BM－13 独立火箭炮连。当时只有 7 门 BM－13 和 3000 发火箭弹，连长是 36 岁的伊万·安德烈耶维奇·费列洛夫大尉。经过一个多星期的应急训练后，全连已经熟练地掌握了火箭炮的操作方法。1941 年 7 月上旬，独立火箭炮连被编入西方面军，来到了危如累卵的斯摩棱斯克前线。

在斯摩棱斯克的奥尔沙地区，苏军同德军展开了一场激战。在这次战役中，火箭炮首次投入战斗，并显示出巨大的威力。苏军的一个火箭炮连一次齐射，仅仅用了十几秒钟，就将大批的火箭炮弹像冰雹一样倾泻到敌人的阵地上，其声似雷鸣虎啸，其势如排山倒海，烈火熊熊，浓烟滚滚，打得敌人死伤惨重，狂呼乱叫，嚷着"鬼炮！鬼炮！"四处夺路逃跑。

大炮一下子就摧毁了敌人的军用列车和铁路枢纽站，消灭了敌人大批的有生力量，给敌人精神上以极大的震撼，以致后来德军一听到这种炮声，就胆战心惊，恐惧万分。

前线的苏军官兵无不为火箭炮的强大威力欢欣鼓舞，但他们中谁也不知道这种新式武器的名称。因为该火箭炮是由沃罗涅日州的共产国际兵工厂生产的。共产国际一词的第一个字母是"K"，工人们将K打在炮车上，作为该厂的代号。一位士兵看见每辆炮车上都标有字母"K"，灵机一动，想起了俄罗斯民间传说中的那位能歌善舞的美丽姑娘喀秋莎，她纯朴、善良，是一位才华横溢的女子。于是就兴奋地冲着火箭炮高喊："喀秋莎！喀秋莎！"亲切地称火箭炮为"喀秋莎"。后来，这个名字不胫而走，成为红军战士对火箭炮的标准称呼。

1941年10月初，德军发起了进攻莫斯科的台风战役。10月7日夜，正在行军的独立火箭炮连在斯摩棱斯克附近的布嘎特伊村不幸与德军的先头部队遭遇。火箭炮连沉着应战。炮手们迅速架起火箭炮，其他人员则拼死挡住德军的冲锋，为火箭炮发射争取时间。在打光了全部火箭弹后，为了不让秘密落到敌人手里，苏军炮手彻底销毁了7门火箭炮。由于发射火箭弹和销毁火箭炮耽误了时间，火箭炮连被包围。在突围过程中，包括连长费列洛夫在内的绝大部分官兵壮烈牺牲。苏军的第一个火箭炮单位就这样悲壮地结束了战斗历程。

BM－13"喀秋莎"火箭炮的最大特点就是火力威猛。"喀秋莎"火箭炮特别适合打击密集的敌有生力量集结地、野战工事及集群坦克。由于"喀秋莎"是自行火箭炮，因此，也适合打击突然出现的敌军以及与对方进行炮战。

苏联"喀秋莎"火箭炮

"喀秋莎"火箭炮共有 8 条发射滑轨。在滑轨的上下各有一个导向槽，每个槽中可挂一枚火箭弹。一门火箭炮可挂 16 枚火箭弹，既可以单射，也可以部分连射，或者一次齐射。重新装填一次齐射的火箭弹约需 5 ~ 10 分钟，而一次齐射仅需 7 ~ 10 秒钟。因而，它能在很短时间内形成巨大的火力网，对敌人进行出其不意的袭击，使敌人来不及躲藏和逃窜就被消灭了。

"喀秋莎"火箭炮可以装在一辆汽车上，而运载汽车速度可达每小时 90 多千米，机动灵活，还没等敌人反应过来，就已经迅速转移了，使敌人难以追踪捕捉。

与其他大炮比较起来，"喀秋莎"火箭炮的构造是比较简单的，它仅仅由发射装置、瞄准装置、发火系统和控制系统等组成。"喀秋莎"火箭炮发射的是不带控制装置的火箭弹，弹尾装有尾翼，使炮弹在空中稳稳当当地飞行，不会摔跟头。

"喀秋莎"火箭炮发射时声音特殊，射击火力凶猛，杀伤范围大，所以苏联在作战部队中装备了数千门，给德军以有力的打击。

据说，在 1942 年的斯大林格勒保卫战中，苏军许多门"喀秋莎"火箭炮一齐向德军炮兵阵地齐射。瞬间，火光闪闪，炮声隆隆，敌人的大炮顿时成了哑巴，苏军活捉了大批俘虏。一个被俘的德国兵在日记里这样写道："我从来没有见过这样猛烈的炮火，爆炸声使大地颤抖起来，房上的玻璃都震碎了……"由此可见，"喀秋莎"火箭炮的威力之大。

在实战中，苏军很快发现，BM－13"喀秋莎"火箭炮在泥泞路况下的越野机动性不强，便想开发一种履带式的火箭炮。但是，能够搭载 132 毫米火箭发射架的履带底盘只有 T－34 坦克。然而，在急需坦克的战况下，炮兵是不可能获得这些底盘的。无奈，他们只好选择了过时的 T－40 水陆坦克底盘。到了 1942 年，美国正式参战，大批美援物资源源不断运抵苏联，其中最受欢迎的当属各种运输车辆了。美国通用汽车的性能比苏联自产的汽车好得多。因此，1943 年以后生产的火箭炮几乎都是以通用 GMC 汽车为底盘。1942 年 6 月，科布雷萨工厂的总设计师路德尼斯基完成了口径 300 毫米、弹重 72 千克的 M－30 火箭弹的开发任务。M－30 火箭弹的弹头为半圆形，装药量是 M－13 的 6.3 倍，达到 28.9 千克，但射程很短，只有 M－13 的 1/3（3 千米）。M－30 火箭弹放置于木制弹架中，由钢架支撑，电子点火，操作简单，隐蔽性强，杀伤力巨大，曾有彻底消灭德国一个步兵营的惊人战绩，一时传为美谈。该弹种参加了斯大林格勒保卫战。

"喀秋莎"火箭炮还有一段有趣的插曲。原来，早在"喀秋莎"研究之初，德军情报部门就打上了它的主意。他们得知，年轻的利昂契夫是研究"喀秋莎"火箭炮的研究员，于是他们策划了一个"天狼星行动"，目的是获取"喀秋莎"的情报。一开始，他们招募了一名科研人员，让他策反利昂契夫，不过，这个家伙还没有行动就被捕了。

希特勒非常气愤，命令德国驻苏联大使馆武官设法搞到利昂契夫的设计图纸。德国武官搞来一份研究所工作人员的名单，他反复查看这份名单，终于发现了一个守夜人是一名白俄逃亡将军的侄儿。他大喜过望，马上派人和这个人接头，用重金对其进行收买。之后，又派人对其进行了特工速成训练。

这名白俄将军的侄儿，在一个漆黑的夜晚，偷偷潜入利昂契夫的办公室，从保险柜里取出了"利－2"图纸进行拍照，并迅速把胶卷转交给德国武官。经冲洗后，利昂契夫的新火箭炮秘密图纸和计算公式在照片上一览无余。德国武官立即把这个喜讯报告给德军情报部。德军情报部部长卡纳利斯立功心切，马上要求将照片送往柏林。这时意外发生了，一个小偷在街上掏走了一个过路人的包，但是当他在无人的地方打开那个包的时候，却被包里的东西惊呆了。原来，在这个包里，竟然保存了一些胶卷，而这些胶卷的内容是有关苏军最新研制的火炮资料。这个小偷经过激烈的思想斗争，终于带着这个包投案自首了，他的揭发使得苏联反间谍机关掌握了德国间谍窃取军事机密的底细，挫败了德国人的阴谋。苏联反间谍机关对小偷的爱国行为大加赞赏，并破格录用他为反间谍行动服务。

那个丢包的人是德国驻苏机构的一个成员，是穿了便装的副武官。他在街上失窃，所携带的机密资料全部丢失了，德国人立即寻找拿到这个包的人，与苏联反间谍机关展开了激烈的斗争。当然，最后还是苏联人取得了胜利。德军情报部的"天狼星行动"意外地功亏一篑。

1941年6月初的一个晚上，利昂契夫前往莫斯科参加火炮第一次试验。漫长的旅途中，百无聊赖的利昂契夫听到隔壁包厢里几个女人谈到列宁工学院祖鲍夫教授。利昂契夫在列宁工学院上过学，听过祖鲍夫教授的课，对教授十分敬重，便过去打听教授的近况，得知其中一位中年妇女正是祖鲍夫教授的夫人。他乡遇故人，一路上，利昂契夫与教授夫人相谈甚欢。分别时，两人互留了电话号码。

大战前夕，不甘心的德国情报部门又恢复了"天狼星行动"。这时，"喀秋莎"火箭炮已经进入了试验阶段。

在莫斯科近郊的一个靶场上，利昂契夫早早来到现场进行准备。他亲自检查了各种仪器的工作状况，又和操作的战士进行了交谈。试验开始前，有一位将军来到火炮前，想看看膛线的情况，可是只看到了滑轨，连炮管都没有看到，他感到有些惊奇，利昂契夫看出将军有些疑惑，急忙向将军解释说："将军同志，这完全是另外一个原理……"

试验开始了，利昂契夫按了一下控制钮，装在弹带上的炮弹发着柔和的"沙沙"声送到弹槽里。1秒钟后，神奇的火球伴着凄厉的声音飞到了空中，怒吼着疾飞而去，迅速在目标区爆炸。在爆炸的深红色火焰中，出现了无数的闪光点，像急速增长的火舌。接着再次装弹发射。几分钟后，距离火炮5千米的射击目标全部被消灭了。试验成功了。将军走到利昂契夫面前，充满激情地说："谢谢！我献身炮兵25年了，但这样的奇迹没有见过……"

火炮试验取得成功，斯大林下令立即批量生产。正在这时，德军全面入侵苏联，苏联卫国战争开始。利昂契夫救国心切，要求上前线，亲自检验火炮的战斗性能。出发前，利昂契夫接到教授夫人的问候电话。利昂契夫兴奋地告诉她自己马上要去前线了。他哪里知道，这位雍容华贵的教授夫人竟是德国的王牌间谍"梅花王后"。

德国情报部门听到这个消息，立刻感到机会来了，他们费了九牛二虎之力，终于查清了利昂契夫所在前线的部队番号。一个新的阴谋正在悄悄逼近这位设计师。

没过多久，一个自称来自伊万诺夫州的几个人的慰问团出现在前线利昂诺夫所在的苏军某炮兵旅。慰问团的头儿叫彼得罗夫，慰问团还有其他四个人，一个是工厂的老工长，还有一个是农学家，另外还有两个年轻人。

晚宴上，慰问团团长口若悬河，侃侃而谈。在座的炮兵旅旅长和利昂契夫听得十分入迷。只有苏联反间谍机关派出的专门负责利昂契夫安全的巴赫麦齐夫觉得此人故意满口土话，很做作，提高了警惕，职业的敏感使他开始注意彼得罗夫的一言一行。

巴赫麦齐夫的感觉果然不错，原来，这个人是德国的一个老牌间谍。这个慰问团是一伙德国间谍假扮的。团长正是德国老牌间谍"黑桃国王"彼得罗涅斯库。第一次世界大战时，他就成功地绑架了一位英国潜艇设计师。这次他又故技重演，可谓驾轻就熟。

几天前，他特意从保加利亚索非亚飞到柏林。党卫军首脑希姆莱和保安局局长卡登勃龙涅尔亲自召见他，给他布置了任务，原来他们想绑架利昂契夫。希姆莱要求彼得罗涅斯库把利昂契夫活着带到柏林，让他为纳粹德国服务——这就是新的"天狼星行动"计划。

"天狼星行动"计划在一步步实施。首先，他们让莫斯科的间谍给前线部队拍电报，说有一个慰问团要去部队慰问，并且通知了慰问团到达的时间。几天后，这几个特务被空投到苏联前线某州的一个偏僻的铁路中转站。之后，他们便出现在利昂契夫所在的部队。

在饭桌上，彼得罗涅斯库和旅长斯维利道夫上校谈起了德国的新式火炮。他大谈特谈德国火炮的先进与厉害，最后，彼得罗涅斯库故作漫不经心地问："我在军区司令部听说设计师利昂契夫发明了一种更厉害的火炮，比德国人所有的火炮都厉害。看来还是咱们俄罗斯人聪明、能干。我听说利昂契夫就在你们旅，如果我能见到伟大的利昂契夫，该是多么大的造化。请问，在座的哪一位是利昂契夫？"

一直暗暗地盯着彼得罗涅斯库，并且细心听他说话的巴赫麦齐夫不等别人回答，就急忙插话说："哦，我就是利昂契夫。"

听到巴赫麦齐夫的话，旅长斯维利道夫和利昂契夫都很惊讶，但他们也没有说什么。这时，彼得罗涅斯库十分高兴，他立刻起身来到巴赫麦齐夫面前，向巴赫麦齐夫敬酒："能认识您真是太荣幸了。我们明天就回去了，您要回莫斯科吗？要不咱们一起走？"

巴赫麦齐夫迟疑了一下，回答说："好的，咱们一块儿走。"

晚宴结束后，巴赫麦齐夫对斯维利道夫和利昂契夫说了对这个慰问团员的怀疑，他对旅长说："这个慰问团可能有问题，让我冒名顶替利昂契夫，和他们一起回去，看看他们耍什么花招。"

第二天早餐后，巴赫麦齐夫和慰问团的成员登上了一辆军用敞篷汽车出发了。当汽车驶进一片森林，路过一个大弹坑时，彼得罗涅斯库让司机停车。他跳下车，低声对老工长说了些什么，然后从口袋里拿出棉花和一个药瓶，他把棉花蘸满药水，然后交给了老工长。突然，彼得罗涅斯库拔出手枪，对准司机脑后开了一枪。几乎同时，老工长从后面扑向站在坑底的巴赫麦齐夫。巴赫麦齐夫毕竟是个反间谍的老手，反应极其敏捷。不等老工长将棉花塞入他的鼻子里，他一挺身冲老工长就是一拳，然后跳出弹坑。不料，彼得罗涅斯库从侧面袭来，冷不防将他绊倒。其他几个德国特工一拥而上，拿着蘸了麻醉剂的棉花就朝巴赫麦齐夫的脸上捂去，由于麻醉剂的作用，巴赫麦齐夫很快就失去了知觉。彼得罗涅斯库等人抬着巴赫麦齐夫向森林深处走去。他们走了很久，终于找到一个林间空地。彼得罗涅斯库决定在这里休息。这时，巴赫麦齐夫已经苏醒，"黑桃国王"彼得罗涅斯库得意地对他说："你现在已经是德国的战俘了，放老实点。"接着，"黑桃国王"打开无线电发报机，通知"梅花王后"绑架得手。德国情报机关大喜过望，马上按计划派飞机深入苏军后方接应。

德国飞机被苏军发现了，被苏联战斗机迫降，驾驶员及其助手被活捉。根据飞机驾驶员的供述，苏联反间谍机关很快抓到"梅花王后"，并从她口中审问出"天狼星行动"的全部计划。

苏军情报部门当即决定派拉尔采夫飞往前线的贝琴涅戈沃机场，并派数十架战斗机封锁前线空域，不让一架德国飞机越过前线。这时，彼得罗涅斯库接到所谓"德国情报站"的来电："23 时40 分，飞机去接你们。"

到了夜里 12 时左右，一架飞机从前线方向飞来，彼得罗涅斯库立即下令点火发信号给飞机。

不一会儿，飞机稳稳地降落在林间空地上。驾驶员走下飞机，和"黑桃国王"用德语低声交谈。驾驶员还从口袋里掏出一封公函交给"黑桃国王"，这是奖给他铁十字勋章的命令。"黑桃国王"一拿到获奖命令，立刻高兴得心花怒放，率领慰问团登上了飞机，愉快地踏上了"覆灭"的征途。

不久，飞机降落在一个机场。飞机舱门刚一打开，迫不及待的"黑桃国王"抢先跳下飞机，苏军情报部门的人一拥而上，将他捆了起来，"黑桃国王"彼得罗涅斯库才如梦方醒。

柏林的希姆莱预感到情况有些不妙，他一再要求向前线情报站发报："彼得罗涅斯库是否到达？利昂契夫状况如何？速回电……"三天后，终于收到了令他心碎的回电："慰问团全军覆没，利昂契夫已返回莫斯科……"

这个故事不仅说明了双方对兵器专家的争夺，也反映了双方间谍与反间谍的斗争是多么的残酷。

20 世纪 50 年代初期的抗美援朝战争中，中国志愿军使用了苏联援助的 "喀秋莎" 火箭炮，给予美军和多国部队沉重的打击。在电影《英雄儿女》中可以看到 "喀秋莎" 火箭炮发射的壮观景象。在朝鲜金城战役中，中国人民志愿军集中了 5 个 "喀秋莎" 炮团，在战役开始时，首先实施猛烈的火力突击。10 秒钟之内，约 3000 发火箭弹射向敌人，措手不及的敌军伤亡不计其数，志愿军在一个小时内即攻克敌前沿阵地，取得了战役的胜利。这是抗美援朝战争的最后一战，胜利后迫使敌方在停战协定上签字。

在 20 世纪末的车臣战场上，俄军使用的 BM－30 "龙卷风" 火箭炮，发射火箭弹重达 800 千克，最大射程达 70 千米。"龙卷风" 火箭炮采用了先进的制导技术，在发射管上装有一个 "黑匣子"，可为每发弹自动编制程序。弹上的燃气发生器可根据指令产生高压气流，不断修正火箭弹的飞行方向，使它的命中精度提高了 3 倍。

苏联堪称火箭炮的鼻祖，火箭炮的研制一直走在世界前列。每隔十年苏联就有一种新型火箭炮装备部队，是传统的火箭炮强国。1957 年，苏联第 147 科研所经过六年的研制，向世人推出了 BM－21 "冰雹" 第二代火箭炮。"冰雹" 系列不仅装备在苏军中，还装备了世界上 55 个国家的军队，其推广与普及程度在世界武器史上仅次于 AK－47 步枪。

苏联的 BM－21 "冰雹" 火箭炮，在苏军中一般配给师属炮兵团。BM－21 "冰雹" 火箭炮的设计师是亚历山大·加尼切夫。他是一位天才设计师，具有很强的组织能力，被称为 "火箭炮兵的卡拉什尼科夫"。在他的积极参与下，共研制了 10 种高效能的火箭炮、48 种火箭弹。"冰雹"集中了当时的高科技成果，包括空气动力学、火药制造、爆炸物、引信、结构设计等。比如"冰雹"火箭弹的稳定器在发射前处于收起状态，从发射筒射出后打开并固定。亚历山大是这个结构的发明者。此后，许多国家制造火箭炮时都利用了这一结构。即使现在，"冰雹"也是威力强大的震慑武器，它强大的威力和有效性还为自己的大块头弟弟——"龙卷风"做了有力的广告。

BM-21"冰雹"火箭炮

在各国炮兵的口碑中，"龙卷风"就是强大的代名词。"龙卷风"火箭炮 1987 年装备部队。无论从口径（300 毫米）、射程（20~70 千米），还是火力方面，都是名副其实的世界冠军。它在 1990 年 2 月吉隆坡举办的亚洲防务展览会上首次亮相，立即引起国际军火商的广泛关注。在向科威特军队出售火箭炮系统的竞争中，它击败了美国 M270 火箭炮，赢得了这笔生意。它发射的火箭弹重量达 800 千克，战斗部重 280 千克，长达 7.8 米，母弹内装有 72 个反步兵子弹，一门炮的一次齐射可覆盖 4~6 个足球场的面积，可摧毁一个步兵连或一个作战指挥中心。为了便于装填炮弹，设计者还研制出了有起吊设备的专用弹药装填车。该火箭炮可根据不同需要配用燃烧式子母弹战斗部、反步兵子母弹战斗部、爆破式战斗部或燃烧空气炸药战斗部。其有的型号火箭弹采用了简易的制导技术，克服了普通火箭弹散布太广的缺点，因而被认为是目前世界上最先进的火箭炮。

BM-30"龙卷风"火箭炮

"龙卷风"火箭炮命中精度较高，能与"动物园"火控雷达系统配套使用，可与 A-50 远程预警机保持密切联系，并且能够发射 R-90 无人侦察机，用于进行战场侦察。这种无人机可从 9 千米高的空中摄下目标图像后传到指挥中心，是俄罗斯图拉"合金"精密仪表设计局的研究人员研制成功的。

　　R-90 无人机在发射前被储存在一个特制的容器中，在外形上与普通的火箭弹并无差异。这种独特的设计体现了火箭炮技术与无人机技术的完美结合。在投入使用时，可将无人机像普通的火箭弹一样发射到目标上空，之后，无人机会进入自动飞行模式并可在 20 分钟的时间内持续地向指挥中心传送火力修正信息。由于可像普通的火箭弹一样发射，R-90 能直接穿过敌方的前沿防空网抵达目标区，这种方式速度快，防空武器难以拦截。在实施远程炮击时，先发射 R-90，十多秒钟后，无人机就能抵达目标上空，传回目标的精确参数，随后处于待发状态的"龙卷风"火箭炮就能实施猛烈的齐射，彻底摧毁目标。尽管 20 分钟的时间非常短暂，但对于炮兵部队来说，R-90 提供的修正数据已经足够了。

　　R-90 无人机的全重为 45 千克，最大飞行高度 9000 米。该机在飞行时既可接收卫星定位导航信号，也可采用双 G 模式，同时还有备份的惯导系统。抵达目标区域后，R-90 自动进入盘旋，弹上陀螺稳定摄像机进行光学/红外双模侦察，根据需要也可以采用红外/紫外或单一的毫米波模式。据俄罗斯"合金"精密仪表设计局的研究人员介绍，R-90 可测定出 70 千米范围内目标的精确位置。威力巨大的"龙卷风"火箭炮配上先进的无人机，将在 21 世纪战场上再放异彩。

13   打气球起家的高射炮

◇ ....

　　1870 年 9 月，德军包围了法国的首都巴黎。普鲁士总参谋长毛奇指挥的数万大军切断了法国首都与外界的联系。巴黎城中的法军为了组织援军来解救巴黎，想出了一个办法。他们制造了一个大气球，在气球下安装了一个吊篮，法国内政部长甘必达乘着这个大吊篮，成功地越过德军防线，抵达巴黎西南 200 余千米的多尔城。甘必达很快组织起支援部队，并不断用气球载人，来往于多尔和巴黎之间。

　　德军发现空中经常有气球飞来飞去，而且气球飞行高度在轻武器射程之外，德军士兵只能望球兴叹。毛奇下令，迅速研制对空射击武器，切断巴黎与多尔的联系。

　　德军很快造出了一种专门打气球的火炮。这种炮比一般的炮打得高，而且在空中爆炸的范围也大。该炮由加农炮改装，口径 37

毫米，装在可以灵活移动的四轮车上。为了追踪射击飘行在空中的气球，由几名士兵推车操炮，适时变换位置和方向追踪射击。德军用这种炮还真打下不少气球，当时，这种炮被称为气球炮，是当之无愧的高射炮始祖。

1914 年 8 月，法国出动了两架飞机轰炸了德军的一个飞机库，英国的飞机也把德国的一个飞艇库炸毁。面对飞机的空中威胁，德国人想起了过去的气球炮，他们对过去的气球炮进行了改进，研制出能够打飞机的高射炮。

德国人的秘密很快被无孔不入的英国间谍探知，他们按照德国人设计的图纸悄悄地生产了大量高射炮。

1918 年 9 月，德军出动了 50 架轰炸机去轰炸法国首都巴黎，当他们飞临巴黎上空时，没有料到遭遇了法军高射炮群的猛烈射击。一条条红色的火舌织成了密集的火网，爆炸声连续不断，德军飞机被打得晕头转向，结果，49 架德军飞机被高射炮击落，只有一架飞机逃回去报信。

德国空军立刻研究对付这种高射炮的方法。他们发现法国的高射炮存在很多缺点，例如，它只能单发装填，射击速度慢，机动性也差。为了对付高射炮的射击，德军飞机采用低空俯冲，然后用轰炸和扫射的方法来袭击联军的高射炮阵地，结果摧毁了联军的许多高射炮阵地。与此同时，德军也在改进自己的高射炮，他们很快发明了高射机关炮和高射机枪，它们都能够连发，而且射速非常快。德军用这些高射机关炮和高射机枪击落了法军的许多飞机。

高射炮在与其强敌飞机的激烈竞争中不断提高和发展，本领日益增强，成为叱咤风云的防空卫士。在地空导弹发明以前，高射炮是各国军队主要的防空力量。

早期高射炮中，性能最好的当属德国 1914 年制造的 77 毫米高射炮。它首次采用炮盘和四轮炮架，标志着从打气球起家的高射炮有了比较完善的结构。

高射炮和飞机是冤家、对头，在两次世界大战中它们进行了激烈的较量。有这样的评价：第一次世界大战中，高射炮与飞机的对抗中，高射炮略占上风，在第二次世界大战中，它们打了个平手。1914 年 7 月爆发第一次世界大战时，各国所拥有的高射炮总共只有几十门，其中德国最多，也仅 14 门。这是因为早期飞机主要用于侦察，机上也没有装备武器，人们还没有实际感受到空中的威胁。半个月后，法国飞机率先用炮弹当炸弹，对德军进行了轰炸。接着，许多飞机装上了机枪、炸弹等武器。

面对空中的威胁，各参战国急忙启用战前制造的高射炮。但这些未经过实战检验的高射炮，命中率都很低，尽管当时的飞机时速只有 90 千米左右，但飞行高度都在 2000 米以下。由于射击理论的滞后，战争初期的高射炮兵都采用直接瞄准射击法，即将炮身管直接对准目标点射击，尔后根据偏差修正瞄准点。这种射击法对付速度很慢的气球、飞艇尚可，对付时速达到上百千米的飞机，命中率很低。1915 年，高射炮击落一架飞机，平均消耗 11585 发炮弹。

一位法国火炮专家发明了间接瞄准射击法，即向飞机预定航路上的提前点射击，并为高射炮安装了简易瞄准装置，射击效果显著提高，击落一架飞机的平均耗弹量大幅度降低。

为解决战争急需，参战国组织力量突击研制了一批新型高射炮，口径增至 80 ~ 105 毫米，身管长度达到口径的 45 倍，普遍装备了瞄准装置，采用新的射击法，使炮弹打得又高又准。

高射炮的数量也大幅度增加。到 1918 年，仅德国就拥有 3000门。战争后期，高射炮击落一架敌机所需炮弹平均数降至约 5000发。据统计，在德国战场上，高炮部队共进行 1154 次防空作战，击落飞机达 1590 架。高射炮在与飞机的首次较量中，略占上风。

为了对付低空俯冲、扫射的飞机，德国于 1917 年研制成功一种 20 毫米小口径高射炮，射高 2000 米，一名射手即可操作。该炮射速快、火力猛，是最早出现的一种能连续射击的高射机关炮，为之后小高炮的研制开拓了道路。第二次世界大战期间，飞机性能有了很大提高，飞行速度达 500 千米/小时左右，最快 700~800 千米/小时，飞行高度 10000 米左右。新发明的炮瞄雷达装备高射炮部队，可远距离发现、跟踪目标，使高射炮具有全天候的作战能力。60~100 毫米的中口径高射炮成为防空的主炮种，这个时期的高射炮大都配有射击指挥仪，能自动、连续地赋予炮群射击诸元。由火炮、雷达、指挥仪、测距机等组成的高炮系统，使高射炮的作战能力全面提高。

第二次世界大战时期的德军 88 毫米高射炮

1941年9月，德军发起了以夺取莫斯科为主要目标的台风战役，集中2000架飞机对莫斯科实施连续空袭。德军自持有空中优势，叫嚣要炸平莫斯科，希特勒甚至下令不准接受莫斯科投降。

朱可夫大将受命担任莫斯科保卫战的前线最高指挥官。他调集1400门高射炮和高射机枪，集中600余架战斗机，组成多层纵深防空体系。

在历经半年多的激战中，德国空军先后出动飞机7146架次，进行了122次空袭，但只有3%的飞机（230架次）突入城市上空，不但未能实现炸平莫斯科的计划，反被击落1300架飞机，苏军取得了战役上的胜利。此战使不可一世的纳粹军队首次遭到严重挫败。在第二次世界大战中，各国损失的军用飞机，有一半是被高炮击落的，高射炮立下了不朽的功勋。

1955年，世界上口径最大的高射炮在苏联问世，命名为KC-30式130毫米高射炮。该炮重达29.5吨，身管长8.4米，有效射高13720米，最大射程2.7万米，这些数据均创世界高炮之最。但与它的作战对象的战斗性能相比，仍有不小差距。同时期装备的美国空军B-52战略轰炸机，最大飞行高度超过了1.6万米。与此同时，地对空导弹开始服役，于是，"高射炮已经过时"，不少西方国家取消了高射炮装备，停止了高射炮的研制工作。他们认为导弹可以取代高炮。然而，美国飞机在越南上空的遭遇，使美国军方幡然悔悟。

进入20世纪60年代后，防空导弹达到一定技术和作战水平，能够有效防御中、高空飞机。美军在越南的作战飞机不得不改变战术，转入低空突防和低空攻击，以利用导弹的射击死区。而越南北方部署有大量的高炮部队。从1964年8月6日到1968年11月1日，美军在越南北方上空共损失915架飞机，其中空战中被击落48

架，被苏制萨姆－2防空导弹击落117架，其余750架全是被高炮击落的。

　　世界各国从战争实践中认识到，高射炮仍然是现代战争不可缺少的防空武器，特别是轻便灵活的、高射速的双管、4管和6管小口径自行高射炮得到了发展。它们装在战车上，配备有搜索目标雷达、计算装置和火炮自动瞄准仪。它们无论白天黑夜都能进行射击，可以单发、短点射和长点射。长点射时，每个身管的射速每分钟可达1000发，对空射击时，使用带自爆装置的穿甲弹和杀伤爆破弹，用弹片来击中目标。如果没有击中目标，它可以在设定的时间内自爆，防止伤害地面人员。

　　随着灵巧炸弹的出现，人们还将激光制导炮弹用于高射炮，制成了激光制导高射炮弹，并将它配备到一些中口径高射炮上，以代替造价昂贵的近程防空导弹。在现代战争中，高射炮担负着对低空飞机、直升机的作战任务。为了适应现代化作战的需要，武艺高强的新一代高射炮正在各国不断诞生。

14 短命的日本超级高炮

◇·······················

美国 B‑29 轰炸机

1944 年 6 月 15 日深夜，47 架美国 B‑29 轰炸机从中国成都起飞，轰炸了位于日本的八幡钢铁厂，并由此拉开了对日轰炸的序幕。在美国相继攻陷了西太平洋靠近日本的关岛、塞班岛等岛屿，并修建起了可供 B‑29 起降的大型机场后，对日战略轰炸的强度更加猛烈。

B‑29 轰炸机是美国波音公司的经典之作，是第二次世界大战中最成功的战略轰炸机，航程达 5000 多千米，升限在 10000 米以上，可载弹 9 吨多。这种威力强大的轰炸机被美军指挥官以数百架的数量编组在一起，在夜晚时分进入日本上空，使用燃烧弹对工业区、商业区和农业区进行焦土式、地毯式轰炸。对于当时的日本人来说，B－29 所到之处一切都被烧得荡然无存。因此日本人称其为地狱火鸟。面对美国的轰炸，日军开始几乎是毫无还手之力。日本空军当时已经丧失了制空权，而地面高炮部队又由于射程、射高和威力的原因，难以对高高在上的 B－29 轰炸机形成实质性的威胁。日军不得不挖空心思寻找对抗的方法。

1945 年 4 月，通过努力，大阪炮兵工厂造出了第一门炮，试验时，炮口初速度达到了 930 米/秒，最大射高 20000 米，发射速度也达到了 15 发/分钟，取得了良好的成绩。这种史无前例的超高高射炮口径号称 150 毫米，实际则为 149.1 毫米，全炮重达 50 吨，有效射高近两万米，其发射的炮弹重量达 80 千克。加上高炮配备的先进的火控系统、先进的雷达，足以对 B－29 构成致命威胁。为了安放这门巨炮，首先在地下 2.5 米处设置了一个水泥式的圆筒形炮床，炮架的大部分都收容在这个圆筒里，如果炮身处于水平状态时，炮身离地大约 1 米左右，露出地面的部分都备有 6 毫米的防弹钢板。此时，东京已经遭受了数次空袭，经研究，此炮被安装在东京西南部的久我山上，并在 1945 年 5 月被分解秘密运送到山上。同时，日本钢铁所广岛工厂的二号炮也告完成，试射后也运往久我山阵地。安装完毕后，日军冒着酷暑，日夜进行战前训练，因为只有 50 发炮弹，所以他们只有通过反复操作练习来熟悉这种装备。

1945 年 8 月 2 日上午 10 时 30 分左右，五架 B－29 轰炸机编队飞越东京西部的八王子市上空，以 10000 米的高度通过久我山防御阵地，准备空袭东京。

随着警报声响，高射炮阵地的人员顿时忙碌起来，这时观测仪以及指挥装置还从来没有经过实弹射击试验。他们得到命令只能各发射一发炮弹，这是第二次世界大战最大的高射炮所进行的最初实战。9 米长，宛如烟囱一般的炮身慢慢昂起，通过观测和计算，在

50°左右仰角开了火。5 秒，10 秒，15 秒，"轰！"很快，B - 29 机群的中心正前方位置就炸开了一朵火花，5 架飞机中竟有 3 架同时被炸伤。受到不明攻击的 B - 29 机群意识到碰上了日军的秘密武器，美军迅速转移。B - 29 机群开始左旋，向东京湾方向飞去。据说从此以后，B - 29 轰炸机编队再也没有从久我山方向进入东京上空，而是选择了从其他路线绕道而行。久我山一役，日军还没有来得及为这种超级高射炮的成功而欢呼，十几天后，也就是 1945 年 8 月 15 日，日本便宣布无条件投降。

日本 150 毫米高炮

　　1946 年春，美国专家专门前往久我山，调查久我山阵地的 150 毫米高射炮，还专门让黑山大佐进行了详细讲解。然后，将其中一门 150 毫米高射炮分解运往美国，另一门切断炮身后拆毁。由于当时的图纸几乎都已经被烧毁，留下的资料不多，可以这么说，这样的 150 毫米高射炮在日军里是绝无仅有的。它能够对 B - 29 轰炸机形成致命威胁，但问题是它出生的时间太晚了，数量也太少了，几乎在战场上没有发挥实质性的作用。随着日本法西斯的灭亡，这种短命的日本超级高炮也同日军的众多武器一样，消失在第二次世界大战的硝烟之中。

15　　　　　　　　　　　单炮大战美机群

◇ ·················

　　喜爱军事的朋友都知道，在对空作战中，高射炮必须组成高射炮群，集中火力瞄准一架高速飞行的战斗机，才能有效地命中目标。而在 20 世纪 50 年代初，抗美援朝志愿军却创造了用一门高炮击落敌机 5 架、击伤 1 架的惊人战绩。

　　1952 年夏天，美军不甘心地面战场上的失败，出动大批飞机不分白天黑夜，对志愿军前方阵地和后方运输线进行轮番轰炸。这些美军的飞行员大多参加过第二次世界大战，是一些经验丰富的老兵。他们认为志愿军防空力量薄弱，而自己的飞行技术又高超，所以经常低空飞行对志愿军进行俯冲轰炸。

　　志愿军高炮某团，根据对敌情的具体分析，研究出一种对付敌机的新招。敌机飞得低，虽然威胁大，但也为寻机歼敌创造了条件。他们一反常规，决定采用单炮或小分队游动作战的战法，在敌机经常活动的区域开展以单炮独立作战为主的活动，寻找机会歼灭敌人。

　　这套战法取得了明显的战果，特别是二十营三连二班，在不到十天时间里，连续作战击落敌机 5 架，击伤敌机 1 架。

　　4 月 28 日夜，志愿军某高炮连二班的战士们，在黑夜的掩护下，悄悄地来到无名高地的背面，迅速挖好高炮阵地，隐蔽好高炮，耐心地等待着敌人。

　　时间一天天过去了，敌机都没有来，直到 5 月 2 日中午，正当战士们等得心焦的时候，从无名高地的西面传来了飞机的轰鸣声。

　　"敌机来了！敌机来了！"战士们一下子兴奋起来，他们从掩蔽的坑道里钻了出来，奔向自己的战斗位置，完成了战斗准备。他们精确地测算着敌机的距离，耐心等待敌机靠近。2000 米，1500 米，1000 米，目标越来越近。这是一架美国 L－19 型飞机，它像一只低空寻食的秃鹰，贴着山头，大摇大摆地飞了过来。敌机刚刚进入志愿军高炮的射程，随着一声"打！"的命令，志愿军的这门高炮便像一头威武的雄狮大声怒吼了，结果首发命中，敌机拖着一股浓浓的黑烟狼狈地逃走了。

　　5 月 4 日，又一块肥肉送上了门。这一次，二班的战士们更沉得住气了，一直等到敌机飞到炮位的上空才开炮，仅仅一个点射，敌机便凌空爆炸了。两次作战，连战连胜，但二班的阵地也被暴露了。

　　5 月 6 日清晨，气急败坏的敌人便开始了疯狂的报复。敌人新型战斗轰炸机，摆着战斗队形，开始对二班阵地进行俯冲轰炸。当第一架敌机俯冲下来的时候，志愿军高炮怒吼了，气势汹汹的敌机还没有投弹就被击中，一头栽了下来，敌机飞行员仓皇跳伞。其余敌机吓得慌忙逃走。志愿军战士们立即冲出工事活捉了跳伞的敌机飞行员。

　　不一会儿，恼羞成怒的敌人又派出了 4 架新型飞机和 4 架 F－51 战斗机组成的混合编队。敌人以为无名高地埋伏着志愿军的一个高炮群，决心摧毁这个高炮阵地。他们哪里知道，这里的志愿军只有一门高炮！

巧妙伪装的志愿军炮兵阵地

　　敌机飞行员已成惊弓之鸟，再也不敢像往常那样低空飞行了。他们先是在4000米的高空反复盘旋，想在空中找到二班的炮兵阵地。但是他们飞得太高，而二班的炮兵阵地伪装得又十分巧妙，敌机在空中转了好几圈，也找不到炮兵阵地。敌机没有办法，只好让两架飞机做俯冲动作，企图引诱二班开炮暴露阵地位置，然后集中轰炸。沉着机智的二班战士没有上当，他们静静地与敌人较上了劲。敌机又在空中做了几次假动作，见无名高地上始终没有动静，便大着胆子慢慢降低高度，他们试探着进行扫射、轰炸，终于全部进入了高炮最佳射击距离。二班的战士们抓住这有利的战机，突然开炮，仅用了几分钟，便击落了三架敌机，其余的敌机吓得四处逃散。就这样，志愿军高炮二班的战士，在不到十天时间内，连战连捷，取得了击落敌机五架、击伤敌机一架的战果，而志愿军战士无一伤亡，荣立了集体一等功。

16　　　　　　　德国双管"猎豹"

◇ ....

德国"猎豹"式双管自行高炮是坦克与高射炮的混血儿。它显得"威武潇洒，气度不凡"。这种双管自行火炮，如果你从下面看，完全像一辆坦克。因为这种高射炮为提高机动性，它的底盘就是用德国"豹"式坦克的底

德国"猎豹"双管自行高炮

盘改成的，行走与具有传动系统的"豹1"主战坦克相同。最大行驶速度为65千米/小时，最大行程600千米。这就是说，高炮坦克化了。

这种坦克化的高炮，如果你从上面看，又不像坦克。履带式车

体上面的炮塔体积很大，除可容纳两名乘员外，还装有灵敏的火控系统。最引人注目的是炮上安装的 35 毫米双管高射炮。

炮塔是密封的，能防原子、生物战剂、化学战剂的伤害。两门炮左右并列，炮管长 3.15 米，刺向青天。这种自行高射炮的自动化程度极高，具有全天候作战能力。有效射高 4000 米，水平射程 12000 米。也就是说，在必要时这种自行高射炮可平射打坦克，是既能防空，又可以进行地面作战的一种崭新的兵器，全重 45.6 吨。

这种自行高射炮的弹种齐全，有燃烧榴弹、穿甲燃烧榴弹、穿甲弹、脱壳穿甲弹等。车内备有 640 发炮弹，车外炮塔两侧有装甲保护的外弹仓，带 40 发反坦克炮弹。其中，燃烧榴弹一发命中敌机，就会摧毁敌机，穿甲燃烧弹既可打飞机，也可以打装甲车辆，可穿透 40 毫米厚的装甲板，脱壳穿甲弹可穿透 90 毫米厚的装甲板。射速 550 发/分钟，约合每秒钟打出 18 发炮弹。如此急速的炮雨，实在令敌机难以消受。所以，这种猎豹式双管自行高炮的利爪在 20 秒钟之内就可以从空中抓下来自不同方向的三架敌机。

把速度与准确性魔术般结合起来的，是一台功能强大的计算机。这台计算机在一刹那间，可处理完由高射炮雷达所提供的数据，并完全自动地把装有双管高射炮的炮塔对准所测定的目标，抓住敌机。不论白天黑夜，即使在有雾的情况下也是如此。计算机自动操作高射炮，并且神机妙算，通知高射炮进行连发射击的准确时间，紧接着，每秒有 18 发炮弹冲出 35 毫米双管高射炮的炮管，迎战敌机，炮弹的初速度是 1175 千米/秒，如此的连珠炮弹，使敌机难逃厄运。

在战场上，所有的"猎豹"式自行高炮，都由一个中心电子计算机进行联系。这个中心能够计算出如何合理分配每个"猎豹"自行高射炮的任务。这样，在大批飞机进行空袭时，就不会造成各炮都向第一架敌机开火，浪费炮弹又放跑别的飞机。

三 铁甲凶猛

01　　　　　达·芬奇与人类的战车梦

◇ ··················

　　公元 1484 年的一天，在意大利的一座幽静的小院里，有一个叫达·芬奇的中年人正在散步。他是一个十分"另类的画家"。你能想象吗？就是这样一个长满胡须、眼窝深凹的人，不但在美术方面有着很深的造诣，居然在军事和机械工程等许多方面，也有着许多重要的发明和设想。在他的脑海中，经常涌现出一些奇思妙想。他随手所画的自行车、火炮、降落伞等发明草图，都在后来的实践中得以实现。这天，他一边欣赏着园中盛开的雏菊，一边默默地思索着。突然，在他那睿智的大脑中，跳出一个新的奇思妙想。他扭转身，赶快跑回房间，从抽屉里取出纸，把这瞬间的灵感记录下来。他想到应该在战车上加上一个像大斗笠一样的铠甲，这样不就可以既能攻又能防了吗？他捋着自己的胡须笑了。达·芬奇设计的这种带顶篷的战车，其底部就像是一只圆形的碗，顶部犹如一个用铁板拼成的尖型帐篷，看上去就像是一个庞大的装了轮子的金刚罩。战车以人力为动力，士兵摇动曲柄推动车前进，枪炮管从侧面伸出，可以一边行进，一边开枪打炮。这种矛与盾组合的构思是多么的巧妙啊！这就是达·芬奇的科学幻想，后来发明的坦克实践了他的构思与幻想。

英国第一辆坦克"小游民"

说起来你可能不信，陆战中的坦克，却出身于英国的海军总部。你自然会问，英国海军为什么要大力研制坦克呢？原来，1915年2月，英国海军成立了一个"研制陆地巡洋舰委员会"。他们设想陆地巡洋舰也应该像海上巡洋舰那样，具有强大的火力、坚固的装甲和良好的机动性，于是便设计了这种新武器的蓝图。然而你可能根本想象不到它有多大。据说，它长30米、宽24米，高达四层楼房，装着三个直径达12米的大轮子，连同武器弹药总重超过1200吨。如此在科幻电影中都没有出现过的武器，实在难以制造。

就在这时，有一个叫斯文顿的人发明了一种矛、盾相结合的新式武器。斯文顿是一名军事观察员，他目睹了士兵们在冲锋陷阵中成千上万的牺牲，心里很难受。他想象着有一种武器能不费吹灰之力越过堑壕、碾过铁丝网，而又不怕敌人的枪弹。他苦思冥想，几乎废寝忘食，终于想到了不久前美国人发明的履带式拖拉机，他想：如果把拖拉机的车体用钢板围起来，不就解决了问题吗？于是他说干就干，很快拿出了初步方案。但是陆军大臣认为斯文顿的设计只是一个玩具。好在时任海军大臣的丘吉尔独具慧眼，把这个设计带到了海军部。于是"小游民"坦克在英国海军诞生了。

有一件很有意思的事，就是刚刚诞生的坦克竟然分雌、雄坦克。纵览世界武器，你可能没有听说过兵器分雌、雄的。回眸历史，只有中国的冷兵器宝剑曾分过雌、雄。那是春秋时的事情，"吴人干将铸二剑，雄号干将，雌号莫邪。进雄剑于吴王而自藏雌剑。雌剑时悲鸣，忆其雄。"说的是雌、雄宝剑的相思之苦。而英国人非常幽默，他们在设计坦克的时候，把装有火炮的坦克戏称为雄性坦克，而把另外一种仅装有机枪的坦克戏称为雌性坦克。他们的这种命名方法是否受到中国雌、雄宝剑的影响，我们不得而知。但是，英国人用这种方法命名武器，最大的好处是它赋予了武器一种创造性的生命。从此，坦克像人一样，开始了80多年的战斗历程。

02　索姆河畔初试身手

◇ ⋯⋯⋯⋯⋯⋯

　　第一次世界大战时，德军为了阻止英法联军的进攻，想出了一个新花招。他们挖掘战壕，架设铁丝网，在铁丝网后修建碉堡，装备了刚发明不久的马克沁重机枪。此招果然厉害，联军向德军发起冲锋时，被战壕和铁丝网挡住，德军趁机用重机枪向联军疯狂扫射，联军士兵成批倒在血泊中，伤亡十分惨重。当时联军已付出死亡5万名官兵的代价，还是无法突破德军防线。英国陆军上校斯文顿目睹联军士兵横尸遍野的惨状，心情十分沉重。他苦苦思索，用什么办法才能对付铁丝网、战壕、碉堡和重机枪呢？终于，他想出了一个办法。坦克就是这样出现的。但是，怎样才能把新生产出来的坦克秘密运往前线，给德军以出其不意的打击呢？

　　斯文顿灵机一动，有办法了，他吩咐工人在每一辆坦克上都用油漆写上"水柜，运往俄国圣彼得堡"的字样，然后装上火车。在火车站，那些前来刺探情报的德国间谍果然上当了，以为那些钢铁庞然大物只是英国为俄国生产的储水柜，便没有引起他们的警觉。

1916 年 6 月，英法联军在法国北部索姆河地区，向德军阵地发起了进攻。战斗从 6 月开始，到 11 月中旬结束，是第一次世界大战中规模最大的一次战役，德军投入的兵力由最初的 13 个师增加到 67 个师，英法联军则由最初的 39 个师增加到 86 个师，在这次战役中，双方死亡人数约 134 万人，可见战斗之激烈。

从 6 月开始，经过三个多月的战斗，双方胜负难分，于是，英军决定出动新生产出的坦克来进攻德军阵地。

1916 年 9 月 15 日凌晨，索姆河畔大雾弥漫，万籁俱寂，德军阵地上，疲惫的士兵们正沉睡在梦乡，只有哨兵在持枪巡逻。

这时英军的秘密武器出动了。震耳欲聋的马达声打破了黎明前的宁静。数十辆坦克越过堑壕，向德军阵地"隆隆"开进。途中，有十几辆坦克发生机械故障，冲到德军阵地前的只有 18 辆。这是英国发明坦克以来第一次参加实战。虽然只有 18 辆坦克，却是威力无比。因为在此之前，世界上还从来没有这种攻防结合的武器。

面对突然逼近的"怪物"，德军士兵吓呆了，他们慌忙开枪射击。但是"怪物"却是刀枪不入，打上去的子弹都弹了回来，"怪物"继续昂首挺胸地前进，而且，这"怪物"的两侧还不断地射出子弹，身上的大炮怒吼着，无数炮弹向德军阵地倾泻，德军阵地霎时成为一片火海。"怪物"用它那宽大的履带将铁丝网等障碍物压垮，又轻易地越过战壕，那些碉堡等防御工事一个个被坦克碾得支离破碎，许多德军士兵来不及逃跑，被"怪物"碾成了肉酱。德军士兵失魂落魄，四散逃命或举手投降。

坦克两侧的机枪向溃逃的德军猛扫，逃跑中的德国兵成批倒下。跟随坦克冲击的英军蜂拥而上，仅用了两个小时，就占领了纵横5千米的德军阵地。坦克首战告捷，使英军士气大振，而德军士兵视坦克为洪水猛兽，一听到远处坦克的轰鸣声，便胆战心惊，高喊："刀枪不入的怪物来了！"纷纷夺路而逃。

　　英国的坦克初次参战就旗开得胜，它在战场上大大鼓舞了英法联军的士气，对德军则产生了巨大的威慑作用。索姆河战役使坦克一鸣惊人，所向披靡。坦克作为一种能冲、能打、能防的新兵器，开始走上了"陆地虎"生涯的起点，以坦克为主要兵器的钢甲铁马便这样横空出世了。而索姆河会战，也因为第一次在战场上使用了坦克而被载入史册。

03   功勋坦克 T - 34

◇ ....

　　在世界坦克发展史上，苏联的 T - 34 坦克居于十分显赫的地位。它是现代坦克的先驱。其装备数量之多、装备国家之多、服役期限之长，在世界各国的坦克中数一数二。

　　T - 34 坦克具备出色的防弹外形，强大的火力和良好的机动能力，特别是拥有无与伦比的可靠性，易于大批量生产，不仅是第二次世界大战期间总体设计最为优秀的坦克，也是苏联唯一可以有效对抗德国装甲兵的坦克。从莫斯科、斯大林格勒、库尔斯克到柏林，T - 34 坦克出现在各个重大战役的战场上。可以说，苏军在苏德战场上的胜利，很大程度上是 T - 34 坦克的胜利。从 1940 年到 1945 年，苏军共生产 T - 34 坦克达 50000 辆以上，这一数量在世界上也是数一数二的，远远超过所有德国坦克的总和。T - 34 系列坦克与著名的"喀秋莎"火箭炮一样，都是深受苏联红军官兵喜爱的制胜"法宝",也是令德军士兵闻风丧胆的"杀手锏"。T - 34坦克不仅经受住了反法西斯战争的考验,它在第二次世界大战后,还广泛运用于朝鲜战争、越南战争、中东战争等,并都有出色的表现。装备 T - 34坦克的国家在20个以上。我国在1955年前共购进苏式坦克和装甲车3000多辆,其中 T - 34坦克占了相当大的比例,这些坦克直到20世纪70年代还在我军装甲部队服役。

苏联 T - 34坦克

早期的 T - 34坦克战斗全重26.3吨,乘员4人,最大速度55千米/小时,装一门76.2mm加农炮,其威力之大在当时是无与伦比的。因此,也称 T - 34/76中型坦克。T - 34坦克采用铸造炮塔、焊接车体,防护装甲也很厚,正面装甲厚度45毫米,前装甲采用了30度倾角,有效地提高了防弹能力。大功率的柴油发动机,独立的悬挂装置,使它具有出色的越野机动性。所有这些,使得 T - 34坦克在技术性能上居于当时世界先进水平。

让我们回顾一下当年的情景:1941年夏季,在苏联斯摩棱斯克地区,苏联红军为抵御纳粹进攻组织了大规模防御战役——斯摩棱斯克战役。7月2日这一天,几个隐蔽在战壕内的德军像往常一样架起潜望镜对苏军进行观察。突然，一个士兵发现几辆从未见过的苏军坦克正风驰电掣般冲来。透过弥漫的硝烟和扬尘，他发现这些坦克的外形比苏军一直使用的 T－26 及 BT 系列坦克要威武得多，长长的火炮身管、敦实的车体以及大倾角的装甲使这种坦克看上去与众不同。随着坦克炮的怒吼，德军被炸得人仰马翻、晕头转向。几个德军反坦克炮手匆匆架起 37 毫米反坦克炮进行反击。眼看着一颗颗炮弹准确地击中了苏军的坦克，但它们仍若无其事地前进。望着眼前的情景，德国官兵感到一阵恐慌，仿佛又回到了第一次世界大战时的索姆河战场……

　　让德军庆幸的是，他们竟然俘获了三辆苏联的坦克。德国的坦克专家对缴获的坦克进行了研究，得出的结论令他们大吃一惊：与这种坦克相比，德国现役的各式坦克全部过时！德国专家对这种坦克的强大的生存力和战斗力佩服得五体投地。这种让德军闻风丧胆的坦克就是苏军当时装备的中型坦克——T－34。

　　1942 年 11 月 19 日，苏军发起了代号为"天王星"的反攻行动。早晨 7 时 30 分，随着 1.3 万门各式火炮的齐声怒吼，一道道炽热的火龙倾泻到德国第六集团军和罗马尼亚军的头上。"喀秋莎"火箭炮的第二次齐射刚刚结束，894 辆 T－34/76 及 KV－1 型坦克就像猛虎下山一样冲了出去。红军第 1 坦克军和第 26 坦克军的战士最为勇猛，他们驾驶的 T－34/76 型坦克就像狂暴的高加索公牛一样涌向罗军的炮兵阵地，将敌军的各种火炮及炮手一起碾得粉身碎骨。由于德军没能及时拖来救命稻草——88 毫米高炮，他们的步兵只能任人宰割。只见一辆辆 T－34/76 坦克在敌人阵地上横冲直撞，7.62 毫米机枪不断喷出愤怒的火焰，像割韭菜一样摞倒了成群的法西斯士兵。即便是侥幸逃生的敌军也被吓得精神崩溃，纷纷扔掉武器，呆望着苏联红军的铁骑风驰电掣般擦肩而过。一名罗马尼亚军官在当天的日记中写道："11 月 19 日，敌人的坦克在 163 高地出现……我方的各型火炮对它们无能为力……它们有厚厚的装甲，我们的炮弹无法摧毁它们。太可怕了。"

1943 年 7 月，为了对付德军新装备的"虎"式及"黑豹"式坦克，莫罗佐夫和他的同事们在一个月内研制出 T－34 坦克最重要的改进型 T－34/85 中型坦克。这一年生产的 T－34/85 被称作 1943 型 T－34/85。它换了一门大威力的 85 毫米 D－5T 坦克炮，可在 1000 米的距离上干净利落地撕开德国"虎"Ⅰ型坦克厚达 100 毫米的正面装甲。次年生产的 1944 型 T－34/85 则装备了更强力的 85 毫米 ZIS－S－53 坦克炮。除此以外，T－34/85 还加强了装甲防护，前装甲板由 45 毫米增至 60 毫米，而炮塔的厚度则达到了 90 毫米。

由于 T－34 坦克在战争中的出色表现，一时名声大振，受到各国青睐。世界上有 20 多个国家装备了这种坦克，因此该坦克的生产数量也创下了坦克史之最，到 1945 年 6 月，T－34 坦克生产了 5.3 万辆，为反法西斯战争的胜利立下了奇功，被苏联红军亲切地称为"功勋坦克"。这么棒的坦克，你一定认为这是苏联人发明的吧，其实 T－34 坦克并非苏联人发明，而是苏联人在购买了美国人的技术后研制成功的。

在第一次世界大战后，美国工程师克里斯蒂设计制造了一种轮履合一式坦克，称为 M1919 式。此后，这位创造性极强的工程师不断努力，相继研制出两栖履带式装甲车和可收放轮履式坦克。并于 1928 年研制出了 M1928 式坦克。这是一种对坦克发展具有重大影响的坦克。因为它首次采用了新式悬挂系统，不仅提高了速度，而且使坦克行驶更加平稳。然而，克里斯蒂并不走运，因为美国陆军认为他的要价太高而不予订货。显然，这就失去了军方的支持。好在苏联对此感兴趣，他们在 1931 年买下了克里斯蒂的设计专利。

工程师又在此基础上进行了局部改进，制造出 BT 系列坦克。采用薄型装甲和汽油发动机的 BT 系列坦克在西班牙内战和远东哈拉欣河战役中表现欠佳，当时苏军迫切需要一种新式坦克以应付近在咫尺的威胁。

M1928 坦克的炮塔可以做 360 度旋转

年仅 30 岁的总设计师科什金接受了这项艰巨的任务，在不到一年的时间里，拿出了 A-30 和 A-32 型试验坦克样车。苏军将两种样车投入到苏芬战争进行实战检验，A-32 因在火力和机动性方面略胜一筹而最终入选。随后，科什金为 A-32 换了发动机。因为发动机是坦克的动力源，人们称它为坦克的心脏。坦克刚问世时，设计师并没有为它设计专用的发动机，而是把拖拉机或汽车用的汽油发动机移植到它的身上。这种发动机不太理想，功率范围、结构形式和车内布置等方面都不适合坦克，因此在 20 世纪 20 年代后期，一些国家开始设计专用的坦克发动机。

1932 年，苏联开始研制坦克高速柴油机，1939 年定型，功率达 368 千瓦，称为 B-2 型坦克柴油机。科什金将 B-2 柴油发动机和美国工程师克里斯蒂的新式悬挂系统都应用于新的坦克中，并将前装甲板的厚度从 30 毫米增至 45 毫米。改良后 A-32 被正式定型为 T-34 中型坦克。T-34 中型坦克是世界上最先使用坦克专用柴油发动机的坦克。1940 年 1 月，第一批 T-34 坦克由位于乌克兰哈尔科夫的共产国际工厂制成。

T–34 坦克的设计师名叫米哈伊尔·伊里奇·科什金。1937 年任哈尔科夫工厂坦克设计室总设计师的时候，他并没有想到，设计武器不但需要思想，关键时候还需要生命。

当时，工厂正负责 BT 快速坦克的改造，上级要求改成车轮履带两用式。但科什金认为这样做毫无意义：一是军队很少使用 BT 坦克的车轮模式，二是这种设计会增加生产的复杂度和本身重量。

科什金认为纯履带式坦克才是战场上的杀器，并提出编号为 A–32 的设计计划。苏联最高军事会议接受了他的提案，并核准生产一辆原型车，但同时也要求继续车轮履带两用的计划，以待日后在测试时进行比较。纯履带的 A–32 原型车制造完成后，苏联装甲总监处建议加强其火力和装甲，并简化生产工序，科什金依照建议改进，最终形成了 T–34 坦克。事实上，A–32 的方案引起极大的争论，苏联国防人民委员会成员伏罗希洛夫反对纯履带式，斯大林也不特别赞成纯履带式。不过，斯大林仍有支持态度，前提是他要科什金能证明纯履带方案的优越性。

1939 年 12 月 19 日，T–34 坦克获准投产，但必须重新验收。为此，需要制造 11 辆坦克进行工厂试验和部队试验。就在此时，约瑟夫·雅科夫列维奇·科京领导的基洛夫工厂来竞争了。科京声称自己工厂设计的 T–50 坦克和 KB 坦克能履行所有坦克使命。潜台词是：T–34 没有投产的必要。

科京是斯大林跟前的红人，T–34 坦克眼看着命悬一线。

1940 年 3 月，经过科什金的据理力争，T–34 坦克最终获得在莫斯科与 KB 坦克一较高下的机会。

虽然是 3 月，但莫斯科的春天还很遥远。怎样才能显示 T–34 坦克的优良性能？已有早期肺炎症状的科什金，决定在寒风刺骨的天气里，将两辆 T－34 坦克以履带行军的方式直接从哈尔科夫开到莫斯科。他亲自驾驶 T－34 坦克出发了，12 天的履带机动证明了 T－34 坦克的可靠性和灵活性。笨拙的 KB 坦克一败涂地。一番较量之后，T－34 坦克又载着科什金回去了，仍然没有出什么问题。

1940 年 6 月，T－34 坦克获准批量生产，装备部队。一年以后，它在格罗德诺附近初次登上实战战场。此时，科什金已经去世差不多 9 个月——死因正是那次试验。他在冰天雪地驾驶 T－34 坦克来到莫斯科，一路上的严寒，让他得了肺炎，

苏联发行的纪念科什金的邮票

这位年轻的坦克设计师在 T－34 坦克样车出厂后不久就病逝了。他的助手莫罗佐夫接任总设计师，继续进行该型坦克的改进。

T－34 坦克的设计在当时来说是相当先进的。它的车身呈流线型，采用了整体铸造炮塔、焊接车体（其抗弹能力远胜过铆接车体）、大倾角的装甲，使其具有良好的防护能力。为了与德国的坦克抗衡，T－34 配备了一门大威力的长身管 76.2 毫米口径加农炮，可以轻易击穿德军当时的主力坦克。此外，T－34 坦克的减震系统也非常有特色。为了有效地减震，科什金选用了先进的独立悬挂系统。这种悬挂系统的特点是车身两侧的负重轮都不直接安在车体上，而是用一条活动的钢臂与之相连，而钢臂的中部则与车体上的弹簧减震器连接在一起。这样，每个负重轮均可随地势的高低起伏而各自上下移动，通过弹簧减震器吸收颠簸的能量，有效减轻了坦克乘员的不适感。为了更好地减震，T－34 的负重轮上还挂上了特制的硬橡胶。T－34 的动力系统是一台 B－2 水冷柴油机。这种发动

机具有功率大、维修简单、适应性强等特点，特别适用于东欧地区寒冷的冬季。T－34 每小时可行进 55 千米，战斗半径为 150 千米。T－34 坦克还有一个特点，那就是结构简单。因此，它易于生产、容易操作。在战争期间，甚至出现了拖拉机厂造坦克、拖拉机手开坦克的景观。T－34 型坦克，以其速度快、威力大、装甲防护好等优良性能在反法西斯战争中发挥了巨大作用。当纳粹德国军队于 1941 年 6 月 22 日用 4000 多辆坦克开道进攻苏联时，起初推进顺利，仅 22 天就东进了 350~600 千米，但 T－34 坦克的出现，无疑遏止了德军向前推进的速度。德军的坦克向 T－34 坦克猛烈开炮，令他们惊奇的是，炮弹对 T－34 坦克似乎不起作用，反而弹了回来，而 T－34 坦克的 76 毫米加农炮却威力无比，轻而易举就将德军坦克的装甲击穿。德军官兵不得不承认 T－34 坦克比他们的坦克性能要优越得多。

在第二次世界大战中，坦克发展最快的是苏联和德国。T－34 坦克是苏联的杰作，而可与之媲美的只有德国的"豹"式中型坦克，不过该坦克明显有着 T－34 的痕迹。该坦克全重为 43 吨，装 1 门 75 毫米加农炮。炮塔的厚度为 120 毫米。曾在战争中与 T－34 坦克较量，一度占了上风。为此，苏联又将 T－34 加以改进，将坦克炮换成了 85 毫米口径，从而提高了其攻击威力，可以在 1000 米的距离上毫不费力地将"豹"式坦克的装甲击穿。因此，直到 20 世纪 60 年代后期，T－34 坦克才从苏军大多数部队中退役，但仍有 3000 辆被封存起来。现在使用或封存这种坦克的国家还有阿富汗、蒙古、朝鲜、越南、老挝、古巴、阿尔巴尼亚、安哥拉、几内亚比绍、马里、莫桑比克、索马里、埃及、叙利亚等。

04　德国的"豹""虎""鼠"

德国"黑豹"坦克

　　1943年，在苏联库尔斯克地区，苏军与德军进行了规模空前的坦克大战。在整个战役中，双方先后投入的坦克达1.3万辆，一次战斗就有上千辆坦克参战。当时，在德军的坦克群中，有一种坦克十分威风，它横冲直撞，表现非凡，这就是德国人新研制的叫"黑豹"的新型坦克。德国和苏联的坦克犬牙交错地打在一起，"隆隆"的坦克炮声犹如晴天霹雳，震天动地。

其实，仔细观看，这些德国的"黑豹"都有苏联 T－34 坦克的影子，它加大了火炮的威力和装甲防护能力，有一些战斗性能甚至超过了 T－34，德国一共生产了 5000 辆这种坦克。在库尔斯克会战初期，"黑豹"在与 T－34 的较量中曾一度占了上风。可惜好景不长，苏联很快推出了 T－34 的改进型，新换装的 85 毫米口径坦克炮，可以在 1000 米的距离处击穿"黑豹"的前装甲，再次使德军在坦克战中连吃败仗。

纳粹德国为了扭转不利局面，专门成立了一个"坦克委员会"，由斐迪南·保时捷博士主持，秘密研制重型和超重型坦克。他们研制出的第一种重型坦克，绰号"虎"。

"虎"式坦克是第一种战斗全重超过 50 吨的坦克，装一门 88 毫米火炮和两挺机枪，威力居各种坦克之首。但"虎"式坦克机动性较差，最大时速 38 千米，最大行程仅 100 千米。在普罗夫卡地区的大战中，"虎"式坦克的 88 毫米口径火炮十分厉害，在这紧急关头，苏军指挥员非常镇静，他们看到了"虎"式坦克笨重、不灵活的弱点，马上下达了改变战术的命令。只见 T－34 坦克不再向"虎"式坦克开炮了，而是开足马力，一会儿左，一会儿右，用蛇行方式避开"虎"式坦克的炮火，向它们逼近。T－34 坦克灵活地绕到"虎"式坦克的后面，和"虎"式坦克玩起了捉迷藏游戏。T－34 坦克近距离地用火炮向"虎"式坦克较薄弱的后装甲猛射，"虎"式坦克纷纷爆炸起火。结果，"虎"式坦克全军覆没。

1943 年，德国不甘心失败，在"虎"式坦克的基础上，又研制出了一种号称"虎王"的坦克，战斗全重达 69.7 吨，主要武器为一门 88 毫米火炮，发射的炮弹有 43 式穿甲弹和 43 式杀伤爆破弹。穿甲弹在 2000 米距离上可穿透 132～152 毫米的垂直钢装甲板。辅助武器有一挺 7.92 毫米并列机枪。车内携带 84 发炮弹和 5850 发机枪弹。它的装甲防护力也比"虎"式坦克更胜一筹，除有较好的防弹外形外，车体和炮塔都采用轧制钢装甲板。车体前上装甲板厚 150 毫米，炮塔前装甲厚 180 毫米，但是它的机动性仍无改善。

"虎王"曾有过一段辉煌。那是 1944 年冬，从诺曼底登陆的美军逼近德国本土。德军在阿登地区集中了 20 多万军队，以新研制的"虎王"坦克打头阵，向疏于防御的美军进行反扑。

在阿登地区长达 115 千米的正面上，美军只部署了 5 个师，对德军的反攻能力估计不足。美装甲部队装备的主要是 M3、M4 中型坦克，数量也不多，只有 240 余辆。激战中，德国"虎王"坦克大发虎威，冲在最前头，击毁大批美军坦克和自行火炮等装备。

欧洲盟军最高司令艾森豪威尔紧急调整部署，增调大批援军，终于扼制住了德军的反扑。阿登战役最后以德军的失败而告终，数十辆"虎王"坦克成了美军的战利品。但此战也使"虎王"名声大振，美军士兵称之为"令人生畏的庞然大物"。

德国"虎王"坦克

　　"虎王"坦克虽然威力较大，但其机动性较差，在快速机动作战中常常掉队。加上生产量不多，总共只有480辆，在战争中发挥的作用不大。

　　为了挽救战争的败局，"坦克委员会"负责人斐迪南·保时捷博士晋见希特勒，建议发展超重型坦克。他的这种主张曾遭到不少陆军将领的反对，但希特勒却对超重型坦克情有独钟。他希望有一种能称霸战场的"无敌坦克"。在希特勒的支持下，德国不惜巨大的人力、物力发展超重型坦克。1943年8月，保时捷公司制造出第一辆样车，命名为"鼠"式坦克，战斗全重达188吨，是世界上坦克家族中最重的型号。最有讽刺意味的是，这么重的坦克竟然用"老鼠"命名。

德国"鼠"式坦克

　　"鼠"式坦克的特点是外形尺寸大，形体庞大。车长（炮向前）10.085米，车宽3.67米，车高3.66米，履带宽1.1米，简直就是坦克家族中的巨人，被誉为"无坚不摧"的坦克。它的另一个特点是，电传动装置占用的空间大。其中，庞大的发电机和联轴器有3

米多长，为车体长的1/3。不过，采用电传动装置，可以实现无级变速，便于操纵，可靠性也好。

"鼠"式坦克不仅外形大，而且装甲也厚，是一个"活动堡垒"。车体正面的装甲厚205毫米，侧装甲板厚90毫米。另外，履带上部外侧的装甲板也有90毫米。由此可见，"鼠"式坦克的装甲防护是相当强的。

"鼠"式坦克的武器有"两炮两枪"，火力十分强大。主炮是一门128毫米火炮，身管长为55倍口径，弹药基数32发。炮弹长为1.5米，重56千克，一般乘员难以搬动，因此需要借机械进行装填。穿甲弹的初速为860米/秒，在1000米距离上可以击穿30度倾角的143毫米厚的钢装甲板，在2000米距离上可以击穿相同倾角的117毫米厚的钢装甲板。辅助火炮为一门75毫米并列火炮，位于主炮右侧，弹药基数200发。另有两挺7.92毫米机枪。

"鼠"式坦克的发动机为V形12缸水冷汽油机，功率为794千瓦。"鼠"式坦克能爬上30度的纵向坡道，可跨越0.72米高的垂直墙和4.5米宽的壕沟。行进最大速度为22千米/小时，最大行程190千米。

德国计划生产150辆"鼠"式坦克。希特勒下达指令给保时捷，要求用最快速度生产，准备调往前线参战。他吹嘘说："我们又有了一件无坚不摧的秘密武器"。但"鼠"式坦克只生产了两辆样车，苏军便进逼到"鼠"式坦克的试验场。苏军情报部门已经获悉德军秘密研制超重型坦克的情报，派出部队搜寻。在苏军到来之前，德国人破坏了试验场上的一辆"鼠"式坦克样车。另一辆"鼠"式坦克装载在火车上运出，被苏军在途中炸毁。至此，纳粹头子费尽心机，寄予厚望的超重型坦克尚未派上用场，便随着德国法西斯的灭亡而夭折了。

05　　　　　英雄坦克"215 号"

◇ ⋯⋯⋯⋯⋯⋯

　　在中国人民革命军事博物馆中有一辆炮管上涂有三颗红星的英雄坦克，就是第二次世界大战中威名远扬的苏制 T‑34 型坦克。在第二次世界大战中最大的坦克战——库尔斯克大会战中，T‑34 坦克击败了德军最新式的"黑豹"坦克，并大获全胜，使德军遭受巨大损失，被公认为第二次世界大战中最优秀的坦克。

　　经过改进的苏制 T‑34/85 中型坦克，战斗全重 32 吨，乘员 5 人，一门 85 毫米火炮，两挺 7.62 毫米机枪，最大时速 55 千米，可发射穿甲弹。穿甲弹可在 1000 米外的距离上穿透 13 毫米装甲。

　　朝鲜战争爆发后，中国政府从苏联购进了一批 T‑34 坦克，"215 号"坦克即为其中一辆。

　　1953 年 7 月，为了配合朝鲜金城正面战场作战，"215 号"坦克奉命支援步兵争夺石砚洞北山，消灭 346.6 高地上的敌人坦克。

7月6日，夜色漆黑，大雨哗哗地倾泻着。驿谷川里的洪水肆无忌惮地咆哮着。暴雨中，一辆坦克在沼泽地上艰难地爬行。一道闪电，映出坦克炮塔两侧白色的"215号"。这条路十分难走，他们离潜伏地域还有3000米。"前面到了有大弹坑的地方了，多加小心。"车长杨阿如说。

"是！"驾驶员陈文奎十分谨慎地驾驶着。

"轰！轰！……"敌人的大炮又向沼泽地袭来，火花围着坦克飞进。坦克手们听着就像外边有人在敲铁筒。

"车长，实在看不清路了！"

"刹车，我到外面去引路。"

"车长，不行，敌人炮火打得太凶！"

但是车长杨阿如已经跳出坦克，置身在"哗哗"的大雨中。他弓起高大的身躯，像寻找东西一样摸索着前面的路。他还不时用脚跺一跺，用步子量一量，怕有冲断的路，怕有炮弹坑。他用夜光镜引导着坦克前进。

忽然，不远的地方闪起了一团强烈的光，紧接着一声巨响。杨阿如觉得有人在他背后猛推了一下，不由得跌在车前。

"车长，你负伤了！"战士们争着从坦克里跳出来，要抢救车长。

车长杨阿如镇定地说："都不要乱动，听我的命令！"他咬着牙，艰难地爬起来，引导坦克拐进前面的小弯才进了坦克。打开车内工作灯一看，他背上有老大一块泥巴。虽说没负重伤，可是后背被砸肿了。他们继续前进。突然，坦克掉进一个大弹坑。他们赶快抢救，但直到天快亮了也没抢救成功。

"立刻伪装车辆！"

大家铲来青草皮，贴在钢板上、炮塔上、防火盖上，把黄泥抹在炮管上。为了把坦克伪装成一个土包,他们把炮管转向车后,使它像一根靠在土包上的木头。

天亮了,大家都累得有气无力,进车里休息了。

白天过去了,又到了晚上,他们卸掉伪装,扭转炮口,借着敌人开炮的火光,他们发现了敌人的坦克。

"锁定 1 号目标!"

"穿甲弹!"

"穿甲弹,好!"

"预备,放!"随着车长的口令,坦克猛地向前纵了纵身子,一个火球飞出炮口。

"打中了!"随着一声沉闷的轰响,炮弹钻进了敌人坦克的肚皮。

"好,再打一发!"车长话音刚落,又一个火球飞了出去,敌人的坦克喷出大火,火光映红了夜空,映出了附近的大小峰峦,映出了另外两辆铁乌龟的原形。

"穿甲弹,放!不要让敌人还手!"杨车长喊了起来。

炮手动作利索地把炮弹送上了膛。瞄准手迅速扭动炮口向第二辆坦克瞄准。

"咚!咚!"敌人的另外两辆坦克惊慌地还击,打出的穿甲弹在"215 号"坦克车前划出道道红光。敌人的榴弹炮群也开火了,有一发炮弹落在"215 号"坦克炮塔上,坦克猛地一抖身,顺炮盔缝喷进一簇火星,火星溅在徐志强的脸上热辣辣的,他不顾疼痛,趁敌人炮口火光一闪的瞬间,瞄准了目标。他发狠地骂道:"看你再发狂!"随即打出 5 发穿甲弹。

"轰!"敌人的第 2 辆坦克冒起了冲天大火。

"打得好!"师鸿山拿出毛巾,给炮长擦汗。徐志强又迅速把炮口对准了第三辆坦克。

"穿甲弹，好！"

"咚！咚！咚！"敌人的第三辆坦克连中3发炮弹，哑巴了。

"它怎么没有起火，它在装死，再来3发！"杨阿如说。

3发炮弹又打在那辆坦克身上，这次是彻底报销了。

"现在咱们已经暴露了目标，敌人很快就会用排炮来报复，下一步咱们怎么办？"陈文奎说。

于是，大家绞尽脑汁想着怎样保护坦克。这时，陈文奎小声说："我想，过去敌人知道咱们打完了炮以后立即开走，他们都是听咱们坦克的发动机声组织炮火截击的。现在咱们能不能这样：原地发动坦克，先把发动机声弄大，然后再像开走似的把声音一点一点弄小，迷惑它一下。"

"主意不错！"

"我看行，来，原地发动坦克！"车长杨阿如说。陈文奎立刻开动坦克，猛加油，坦克"轰隆隆"吼叫的声音震耳欲聋，然后陈文奎一点一点收了油门，轰鸣声越来越小。敌人的炮火马上延伸，向后方打去。敌人用了三个炮兵群，沿着坦克"向后转移的道路"由近到远一直打了大约两里多地才罢手。其实，"215号"坦克在原地一步也没有动。

夜里，忽然车外有人喊："215！215！"原来是志愿军的四位工兵上来了，杨阿如和坦克手们与工兵同志一起抢救坦克。

这时，天上飞来三架敌机，正在寻找我军的坦克。我军的高射炮怒吼了，打得敌机乱飞一气，他们扔下几颗炸弹就逃跑了。"小许，你个头小，出去看看伪装，千万不能露出马脚。"杨阿如吩咐说。

小许爬出坦克，一会儿他又钻进来笑着说："真好玩，敌人的炸弹炸掉了旧泥巴，又溅上了新泥巴。他们忙了半天，给咱们的坦克换上了一身新伪装。"

这时杨阿如从潜望镜里观察敌人的阵地："同志们，快来看！"

在高地主峰的东侧和西侧，被炸毁的敌人的坦克不见了，现在那两个地方蹲着敌人两辆深绿色的新坦克，坦克的炮口对着石砚洞北山，喷出团团黑烟。敌人正向我军攻击。

车长杨阿如请示了领导，领导对杨阿如说："你们赶快把坦克抢救出来，转入新阵地开炮！你们昨天打得好啊，昨晚，敌人指挥官在报话机里直叫'不行啦！两辆起火啦！剩下的一辆也没有战斗力啦！'"

"嘿嘿！"大家开心地笑了。

夜幕降临，车长杨阿如带领大家干了三个多小时，终于让坦克开出了大弹坑。他们来到新的阵地，把炮口对准两个目标。

"穿甲弹，放！"顿时，敌人的两辆坦克报废了。"215 号"坦克创造了单车毁伤敌坦克 5 辆的突出战绩。

英雄坦克"215 号"

215 号坦克在抗美援朝战争中，由于全体人员的英勇善战，共击毁敌人重型坦克 5 辆、击伤 1 辆，击毁化学迫击炮 9 门、汽车 1 辆，摧毁敌地堡 26 个、坑道和指挥所各一个，出色地完成了 7 次配合步兵作战任务。为此，中国人民志愿军授予 215 号坦克为"人民英雄坦克"的光荣称号，全体成员记集体特等功一次，车长杨阿如荣立一等功，获"二级战斗英雄"称号。杨阿如还获得了朝鲜民主主义人民共和国二级自由独立勋章。

06 T-55 出其不意大奔袭

◇ ·····················

1973 年 10 月 6 日，埃及以迅雷不及掩耳之势，对以色列发动了突然袭击，顺利地突破苏伊士运河东岸以军的巴列夫防线，达成了战役的突然性，从而也掌握了战场的主动权。

在以军国防部地下指挥部，国防部长达扬、总参谋长埃拉扎尔和情报局长泽拉如坐针毡。这时，美国驻以色列的武官来电话说有要事通报，情报部长泽拉立即驱车前往。

见到这位武官后，他向以色列通报了一份重要情报：美国的卫星大鸟发现在提姆拉湖和大苦湖之间，从苏伊士运河的北端算起约 90 千米处，有一个宽达 10 千米的间隙。据分析判断，这一间隙是埃军第二军和第三军的结合部，若从此处反攻将是一个十分理想的突破口……

泽拉欣喜若狂，马上赶回指挥部，将这一价值连城的绝密情报做了汇报。

国防部长达扬和总参谋长埃拉扎尔根据卫星提供的情报，认为扭转战局的时机已经成熟，便果断下定决心，做出了反攻埃军的决定，命令沙龙将军急速带领主力部队，以装甲兵为前导，从大苦湖北边的空隙地偷渡苏伊士运河，直接向运河西岸发动进攻。

10 月 16 日那一天的傍晚，伊索姆附近的一座浮桥沐浴着落日的余晖，四周静悄悄的，既没有战争的硝烟，也没有喧嚣的枪炮声。浮桥两端的几名埃及士兵荷枪实弹，在桥头上来回踱着步子，警惕着周围的一草一木。突然传来马达的轰鸣声，从前线方向驶来 13 辆 T-55 型苏制坦克和几辆装甲输送车，在这支车队的后面扬起了一片尘土，看样子正是驶向这座浮桥。守桥的埃军卫兵十分纳闷：为什么别人都是开往前线，而他们却从前线往回开呢？

正在他们琢磨之际，车队已经越来越近了，守桥的卫兵们不由得将肩上的枪握在手上，借着已经暗淡了的余晖吃力地观察车辆上的军队标志，好不容易才看清了车辆上涂的是埃及军队的标志，于是松了一口气，便凑上前去。像平时训练一样开窗行驶的车队很快来到桥头，首车上跳下来一位少校军官，十分随便地来到卫兵的面前，操着一口流利的阿拉伯语向卫兵们问好："兄弟们，辛苦了！"

"你们在前线打仗才叫辛苦呢，少校阁下！"

卫兵们立即立正敬礼。

"您是哪个部队的？要过河吗？"

"我们是 21 装甲师的，要到西岸去执行一个特殊任务，后天就回前线。"少校回答。

"现在前线情况怎么样？"

"真主保佑，好极了！我们这次狠狠地揍了以色列人，打得他们屁滚尿流。等我们完成了这次任务，再回西奈去揍他们！"

　　"太好了！请你们过桥，少校！"受到鼓舞的埃及士兵又是一个立正。少校转回身向车队做了一个前进的手势。

　　"按次序过河，注意保持车距！"车队开始浩浩荡荡地过河，经过卫兵身边时，车上的士兵也纷纷用流利的阿拉伯语向卫兵致意。

　　T-55坦克车队一路顺利，很快进入运河西岸。那位彬彬有礼、热情和蔼的少校突然变得凶恶起来，指挥车队兵分三路，向埃及后方地域的地对空导弹阵地和高炮阵地扑去。埃及防空阵地内，一枚枚地空导弹直指苍穹。谁也没有注意到这支飞奔而来的T-55坦克车队。

苏制 T-55 坦克

他们认为，这不过是恰好路过此地的兄弟部队的坦克。T－55坦克像一群恶狼，迅捷无比地扑向导弹基地，如入无人之境，肆无忌惮地狂轰滥炸，轰炸声此起彼伏。随着浓烟烈火腾空而起，埃及军队的雷达天线被炸翻，导弹发射架被炸成碎片，几分钟前还威风凛凛的埃及防空基地，顷刻间便化作一片废墟。被意外打击弄晕了头的埃及士兵，还以为是空袭，一个劲地仰望天空，不知敌机是从哪里飞来，又飞到哪里去了。

原来，这就是以色列为了扭转战局，派出的一支乔装打扮的T－55坦克车队。这支坦克车队用的全是在第三次中东战争中缴获来的苏制坦克，埃及官兵认为以色列军队没有苏制坦克，更想不到以色列人会插到他们后方来，结果被以军打得落花流水。第四次中东战争也由此逆转，以色列逐渐夺回了战场的主动权，并最终赢得了这次战争的胜利。

07　　战场奇闻

◇ ⋯⋯⋯⋯

　　战争是一种充满偶然性的激烈对抗活动，在古今中外的战争中曾经发生过许多令人拍案惊奇的故事。

一对二的拔河比赛

　　1944 年，转入反攻的苏军与德军在乌克兰地区展开了激烈的战斗。英勇的苏联红军满怀复仇的怒火和收复失地的坚定决心，勇猛地杀向敌人。

　　就在这时，一辆冲在前面的苏军重型坦克与后续部队失去了联系，单车冲入德军腹地。苏军的坦克兵只得孤胆作战。突然，前面出现一条水沟，由于车速太快，坦克一下子掉到沟里。

　　正在四处逃窜的德军士兵一看，以为有机可乘，"呼啦"一下子围了上来，他们用枪托砸在坦克的钢甲上，大声叫喊："俄国佬，快投降!"

"苏联红军绝不投降!"坦克中传出苏联士兵的回答,接着,坦克里传出"哒、哒、哒"几声枪响和一阵撕心裂肺的惨叫声,然后坦克内再也没有一点动静。

德国兵以为苏联士兵已经集体自杀,便打算缴获这辆性能不错的坦克报功。因附近没有坦克抢修车辆,就调来一辆轻型坦克,费了九牛二虎之力也不能拖动分毫。一群德国兵围着这辆重型坦克连连转圈,实在不愿意失去这样一个立大功的好机会。真是天遂人愿,另一辆德军轻型坦克恰好经过,他们便请来这辆坦克。两辆坦克还真把这辆战利品拖出了水沟,他们得意洋洋地拖着苏军坦克就往回走。

不料,苏军士兵的自杀却是缓兵之计,他们正愁坦克发动不起来呢!这下有了德军坦克的帮忙,一下子便发动起自己的坦克,来了一场一对二的拔河比赛,拖着德军的两辆轻型坦克往回拉。德军两辆坦克急忙加大马力想合力再把苏军的坦克拖回来,无奈身小力弱,合两车之力也不是这辆重型坦克的对手,这时苏军的大部队冲了上来,两辆轻型坦克只好乖乖当了俘虏。

天降坦克砸潜艇

坦克是陆战场上的急先锋,它怎么和海战中的潜艇搭上关系的呢?事情原来是这样的:1943年6月,德军的一艘潜艇同往常一样在英吉利海峡幽灵般地游弋,它东游西看,终于寻找到了猎物。那是一艘英国的大型运输船"伯朗基号"。该运输船上装载着几十吨烈性炸药和重型炮弹,另外还有三辆坦克。

德军潜艇发现英舰后,喜出望外,艇长密令悄悄地潜到英舰的右下方,然后,突然施放两枚鱼雷进行攻击。随着两声鱼雷的爆炸声，英舰上的弹药被引爆，随着一声惊天动地的巨响，英舰立刻火光冲天，变成了一艘巨大的火船。

德军潜艇一见大功告成，便喜不自胜地浮出了水面，他们要欣赏一下自己的杰作。正在他们狞笑着庆贺自己的胜利时，一件想不到的事情发生了：英舰上一辆50吨重的坦克被爆炸的巨大冲击波抛到半空中，随后从天而降，重重地摔了下来，像一位满腔怒火的复仇天神狠狠地砸向德国潜艇的腰部，只听"轰隆"一声巨响，潜艇立即被拦腰劈成两半，艇上的胜利者先于猎物葬身大海。

德军艇长面对突如其来的打击，无奈地发出绝望的悲叹："天哪！英国人怎么这样使用坦克？"

08　　　　　　　坦克的"贫铀"防弹衣

◇ ┈┈┈┈┈

　　在反坦克武器的打击下，坦克也需要一些防弹设备，穿上一些特殊的"时装"，就像古代武士的盔甲一样保护坦克，提高生存力。其中非常著名的一种是坦克的"贫铀"防弹衣。

　　大家都知道，防弹衣可以抵御子弹的攻击。有一种用凯夫拉纤维制成的防弹衣防弹效果非常好。凯夫拉纤维具有较高的柔韧性，它的强度比钢丝还高60%，抗化学性和抗冲击性能都比较好。当子弹打来时，它好像一张魔网，能把子弹牢牢抓住，将子弹的动能逐渐传到整个防弹衣，能量最终被吸收掉。据说，历届美国总统都喜爱这种防弹衣，他们常穿这种防弹衣出现在公众场所，它的重量只有3千克左右。

　　其实，坦克也有一种防弹衣，可以说它是一种防弹能力极强的"时装"。这种"时装"是由一种非常特殊的材料制成的，穿上了它，坦克就可以大大提高生存力。到底是什么材料能有这么大的本领？原来它是由一种叫"贫铀"的材料制成的。用这种铀杂质制成的贫铀装甲，其密度是钢铁密度的 2.5 倍。密度高，硬度就高，防护力就强。贫铀装甲的结构与"凯夫拉"的防弹衬层相似，它是将贫铀材料加工成如普通钢丝那样的贫铀丝，接着编成贫铀丝毯，然后用金属打包。安装了贫铀装甲的坦克，其装甲防护力可以提升两倍。它抗尾翼稳定脱壳穿甲弹的能力相当于 600 毫米厚均质装甲，抗空芯装药破甲弹能力相当于 1.3 米厚均质装甲。

说到"贫铀"，有人会说，它不就是制造原子弹所用铀的下脚料吗？说得对，这也算是废物利用吧。越来越多的"核废料"，一直是一件令人头疼的事。因为这些下脚料，不仅数量大，而且它的放射性还对人体有危害。现在不仅可以利用贫化铀来制造贫铀装甲，还可以制造贫铀穿甲弹呢。这真是独辟蹊径。它充分利用金属铀及其合金密度大、硬度高、韧性好的特点，既用它来制造"矛"（穿甲弹），又用它来制造"盾"（装甲），可算是物尽其用了。

美国从 1983 年开始研究坦克的贫铀装甲和贫铀穿甲弹，到 1988 年 6 月正式装车，前后用了 5 年的时间，研制经费 10 亿美元。想当年，它和"星球大战"计划、"隐形轰炸机"计划一样风光，被列入美国的国家优先发展计划。据说，这种新型的坦克"时装"，在 1991 年的海湾战争中曾经大出风头，一千九百多辆美军坦克身穿这种"贫铀时装"参战，没有一辆坦克的装甲被伊拉克军队击毁，也没有一名坦克乘员被伊军的坦克炮打死。

先秦散文《韩非子》中，有一段著名的"自相矛盾"的故事，讲的是古代有卖矛与盾者，誉其盾坚，又誉其矛利，市人用"以子之矛，陷子之盾，何如"的发问，令卖者无言以对。历史进入 20 世纪 90 年代，果真发生了与"自相矛盾"类似的事情。美国同时制造了贫铀装甲和贫铀穿甲弹。于是，有趣的一幕出现了，1991 年 2 月海湾战争中，美军 M1A1 坦克的贫铀穿甲弹打到自家 M1A1 坦克的贫铀装甲上……那么，到底是矛更利，还是盾更坚呢？

从海湾战争期间西方媒体的报道中可以看到，的确有美军的贫铀穿甲弹打到自家贫铀装甲上的误伤事件。而且，"M1A1 坦克的装甲在很大程度上承受住己方炮弹的攻击。"看来，在铀弹打贫铀装甲的误伤事件中，贫铀装甲显得略占上风。不过，军事专家说，若是炮口能再增大一些，那就很难说了。

从《韩非子》引出的寓言故事，其寓意道出了人类社会的一个普遍规律，即世间万物相生相克，一物降一物。纵观人类社会发展史，自从有战争以来，作战双方使用的兵器，有矛必有盾，矛利则盾坚，盾坚则矛利，没有防不住的矛，也没有戳不穿的盾。然而，历史发展到今天，一些高技术兵器，特别是坦克，已经实现了矛和盾的统一。它在追求己方之矛能够戳穿对方之盾的同时，努力实现己方之盾又能防住对方之矛。

09　　令英国人骄傲的乔巴姆

◇ ....

　　有一种叫"乔巴姆"的装甲"时装"，对付破甲弹的能力可谓
惊人。提起"乔巴姆"，每一个英国坦克兵，乃至英国人无不感到
特别的骄傲。为什么？因为它是英国人首先研制成功的。现在装备
在英国的"挑战者"坦克上。乔巴姆是英国的一个小镇，镇上有一
个著名的装甲研究院。20 世纪 60 年代的坦克都采用均质钢装甲，
最厚处达 200～250 毫米，但仍难以抵挡不断发展的反坦克武器。为
了不再增加坦克的重量，进而影响坦克的机动性，必须另觅新途。
英国专家经过反复实验，终于研制成功一种复合装甲。
　　在乔巴姆装甲研究院的靶场上，军方代表按照北约的靶板标
准，分别用 120 毫米脱壳穿甲弹、空心装药破甲弹以及"斯温费
厄"和"萨格尔"反坦克导弹，对装有新型复合装甲的坦克进行射
击。靶场上硝烟弥漫，弹片横飞，验靶员传来一次又一次相同的结

果：复合装甲未被击穿。此后，又在同样距离上对几辆均质钢甲坦克射击，战果则十分辉煌：装甲全被击穿。当时，在场的军事专家们都惊叹不已。一位年过花甲的英国坦克技术专家激动地说："半个多世纪前，我们大英帝国发明了坦克，如今，我们又为坦克研制出最有前途的装甲。"另一位将军说："应该为这种新装甲起个响亮的名字，我建议，就以它的诞生地乔巴姆为它命名，好不好？""好！"大家一致赞成。

现在，除英国的"挑战者"外，美国的 M1、德国的"豹Ⅱ"等主战坦克，都采用了"乔巴姆"装甲。配置复合装甲，是第二次世界大战后第三代主战坦克的一个显著标志。那么，"乔巴姆"装甲为什么有这样神奇的功效呢？

德国"豹Ⅱ"A6 主战坦克

要弄明白这件事情，我们来看一个例子：在抗日战争期间，中国民兵用"土坦克"攻打敌人的碉堡。这种"土坦克"的"装甲"是由棉被和黄土复合而成的。将浸过水的一床棉被裹在一张大桌子外边，在棉被上涂一层黄土，然后再在外边裹上湿过水的棉被，又在棉被上涂上黄土，这样裹上几层棉被、涂上几层黄土，就制成了

抵御日本侵略者的"土装甲"了。现代坦克上的复合装甲，其制造
原理与这种"土装甲"类似，它通常由金属和非金属组成，是三层
以上的多层结构。金属如钢、铝合金或钛合金等做最外层和最里
层。中间一层由许多陶瓷小球组成，圆球间的空隙里，填充了玻璃
纤维增强树脂等。这样的复合装甲像一块小朋友常吃的夹心饼干。
当一颗来势汹汹的穿甲弹穿过"夹心饼干"的面层时，弹头已经变
钝，还消耗了大量能量。接着，中间层的陶瓷球又分解和消散了弹
头的冲击力，最后，失去能量的穿甲弹撞到高韧度的内层底板上
时，已经没有什么穿甲能力了。这就是"夹心饼干"的妙用。"夹
心饼干"式的复合装甲种类很多，其中要数英国的"乔巴姆"陶瓷
复合材料最好，它能挡住 2000 米外 120 毫米口径的大炮发射的穿
甲弹。

"豹Ⅱ"A6 坦克炮塔前加装的复合式装甲模块

10 　　　　　　　　主动反击的爆炸装甲

◇ ....

　　为了对付反坦克武器，坦克的"时装"还真不少。坦克还有一种"时装"叫"爆炸装甲"。在此之前，如果有人说"爆炸物能够制成装甲"，你一定会认为这是天方夜谭。如今，这奇思妙想的装甲还真的成功了。说起"爆炸装甲"，还有一个挺有意思的小故事呢！

　　1982 年 6 月，这已经是第四次中东战争之后的第九年。以色列出动坦克进攻黎巴嫩的一个军事基地。守卫黎巴嫩军事基地的叙利亚军拥有先进的苏制反坦克导弹。守军指挥官非常轻敌，曾扬言："我们的反坦克导弹能够击穿世界上任何一种坦克的装甲。"

　　以军坦克对叙军的反坦克导弹似乎熟视无睹，径直闯入了叙军预先设好的反坦克伏击阵地内，采用的竟是极易遭到反坦克导弹重大杀伤的集群攻击队形，向两侧的叙军反坦克导弹阵地冲击。

　　这下可乐坏了叙军的指挥官，眼见以军的坦克全部进入了反坦克导弹的有效射程，他才满怀信心地下达了发射反坦克导弹的命令，一枚枚反坦克导弹似离弦之箭直向以军坦克飞去，一时间，伏击圈内火光冲天，硝烟弥漫，绝大部分反坦克导弹均准确地命中了目标。随即叙军阵地上响起一片欢呼声，士兵们高喊："打中了！打中了！"

　　然而，意想不到的怪事发生了。爆炸过后，硝烟还没有散去，以军的坦克竟奇迹般地高速向叙军阵地冲来。叙军官兵定睛一看，以军的坦克丝毫没有损坏，伏击圈内没有一辆被击毁的坦克！猝不及防的叙军一时惊呆了，不知如何是好，军事基地随即被以军攻克。

　　被俘的叙军指挥官看着驶过去的以军坦克，发现这些坦克的外表已经焕然一新，炮塔周围和车体正面披挂了许多长方形的金属盒子，这是什么玩意儿？难道就是这些小盒子让反坦克导弹失去功效了吗？

　　原来这些神秘的金属盒，像神话中的"护身符"那样，起着保护坦克的重要作用。它叫"爆炸装甲"也叫"反应装甲"。你如果留心观察现在的坦克照片的话，可以看到在坦克的前面装了很多排列整整齐齐的小方块，那就是惰性炸药块，也就是爆炸装甲块。

装有爆炸反应装甲的 T－72 坦克

　　说起爆炸装甲，真可以说是装甲技术上的又一项伟大的发明，它构思巧妙，极富创新精神。爆炸装甲的发明人是 G. 赫尔德博士，他于 1970 年在德国申请了"爆炸反应装甲"的专利，之后由以色列的拉菲尔公司利用这个专利进行生产。

　　拉菲尔公司生产的装甲块名为"爆炸块"。这种爆炸块一眼看上去很不起眼，像个扁扁的金属盒子。铁盒子的两头是只有 1～3 毫米厚的薄钢板，中间夹着一层薄薄的钝感炸药。在盒子的四角或两端钻有螺孔，以便将它固定在坦克上。一开始，有人还对这项技术不太相信。他们说，挂满爆炸装甲的坦克或战车一跟敌人交火，敌方的机枪一扫，爆炸装甲就跟放鞭炮一样炸开了，怎么办呢？另外，爆炸装甲的薄层炸药爆炸后，会不会对周围的爆炸装甲块有影响呢？如果牵连附近的爆炸块一起爆炸，不就乱套了吗？实际上，这些担心都是没必要的，由于盒子里装的是钝感炸药，一般碰撞不易引起爆炸，甚至普通的机枪子弹或炮弹破片击中它也不会起作用。至于盒子里的钝感炸药的成分可就是爆炸装甲的核心机密了，而掌握钝感炸药"钝"的程度，也是很有学问的。

　　铁盒子只有遇到破甲弹和反坦克导弹才会发生爆炸，它们将破甲弹或导弹战斗部产生的金属射流冲散搅乱，使其不能正常发挥作用，从而保护了坦克装甲不被击穿。因此，人们称它为爆炸装甲。

　　爆炸装甲的质量轻，体积小，制造、安装和维护都很方便，而且价格低廉。一辆坦克挂装 10 平方米大小的爆炸装甲，重量仅增加 1～2 吨，对坦克的机动性影响不大。爆炸装甲还有一个引人注目的优点，即它在战场上被击中后，可及时更换，使坦克能够继续投入战斗。爆炸装甲能使破甲弹或反坦克导弹的破甲能力降低 50%～90%，因而使一些轻型反坦克导弹对它只能"俯首称臣"，甚至连美国号称先进的"龙"式反坦克导弹也难以对付它。

　　爆炸装甲出现后，各国军方对它的兴趣大增。尤其是苏联军方，几乎在所有的苏制坦克上都装上了爆炸装甲，大有后来居上之势。苏联军方早在 1983 年就采用了爆炸装甲。1984 年年初，苏联的 T－64BV、T－72B 和 T－80BV 坦克上都安装了爆炸装甲，这使五角大楼的官员们颇感震惊。因为当时的北约国家主要依靠反坦克导弹来抵消华约军队的装甲优势。而 T 系列坦克安装了爆炸装甲后，会使北约的反坦克导弹威力大打折扣。

　　苏制爆炸装甲的块头，比以色列的爆炸装甲要小些，规格尺寸上也比较多样。比较典型的一种爆炸装甲的规格为 $250 \times 150 \times 70$ 毫米，用 4 个螺栓固定在炮塔或车体甲板上。装到 T－64B 坦克炮塔上的，为两层爆炸装甲；装到 T－80BV 坦克上的，为楔形布置。这两种布置的共同特点是，爆炸装甲和主装甲之间有 50～70 毫米的间距，从而增大了破甲弹的炸高，进一步削弱了破甲弹金属射流的威力。苏联 T－72S 坦克上的爆炸装甲的布置，也具有一定的典型性。它共有 3 型和 4 型两种爆炸装甲盒。3 型为主，共 149 块，其中车体 36 块、炮塔 63 块、侧裙板 50 块，可谓"层层设防"。4 型共 19 块，车体 12 块、炮塔 7 块。它们均用不同长度的 M12 螺栓来固定。平时不用时，可以快速将爆炸装甲卸下。

11 坦克的主动防护系统

◇ ⋯⋯⋯⋯⋯⋯

　　自从反坦克导弹发明以来，坦克就遇到了致命克星。尤其是当前，反坦克导弹性能日臻完善，使得反坦克导弹的破甲威力进一步提高。加上新制导技术的应用，不仅提高了反坦克导弹的命中率，并且具备了发射后不用管的能力。

　　另外还有武装直升机，它可以说是坦克的天敌。武装直升机也被称作"飞行坦克"、"魔鬼坦克"，直升机发展的历史并不长，但自从它用于战争后，使"陆战之王"坦克受到严重挑战。直升机打坦克可以说是战果赫赫。越南战争后期，美军仅两架实验用的直升机就摧毁了越军坦克 21 辆、装甲车 61 辆。1982 年黎以战争中，以色列投入的武装直升机 42 架，共击毁坦克、装甲车 111 辆，自己仅损失直升机 4 架，其中还有两架属于自己防空火力误伤。海湾战争中，多国部队投入的武装直升机只有几百架，结果伊军的 4000 多辆坦克被消灭了 3700 余辆，而多国部队只有一架直升机被击落。这些战例说明，"飞行坦克"是地面坦克的克星。

在敌方炮弹或导弹将要打到坦克之前的一瞬间，有没有什么好办法积极主动地去拦截炮弹或导弹，或略施技巧，使敌方的导弹失去控制，顿时变成盲人瞎马，瞎撞一气呢？

这种花样翻新的防护技术可以说是转守为攻，我们把它称为主动防护系统。

科学家在设计主动防护系统时非常注重铁甲与硅片的交融，给铁甲怪兽装上一个芯片大脑——电子计算机，使它变得更聪慧，更智能。这种防护技术可以对来袭炮弹或导弹进行探测、识别、告警、跟踪、干扰或拦截，使它打不着坦克。按照其作用，主动防护系统分为干扰型和拦截型两种，也有"软杀伤"和"硬杀伤"之分。干扰型又称为"软杀伤"系统，它是利用干扰机、诱饵、烟幕弹等手段迷惑或欺骗敌人的来袭弹，使其偏离目标。拦截型又称"硬杀伤"系统或摧毁系统，由探测子系统和发射装置组成，能够探测、鉴别和定位来袭弹，并向它发射爆炸物、炮弹等，使它到达目标前就被毁伤，以显著减弱其杀伤威力。例如，俄罗斯的 T-80YM1 坦克采用的"鸫 2"主动防护系统能使坦克的损失减少 70%，T-80Y 坦克采用的"竞技场"主动防护系统能使坦克的生存力增强 2 倍。

主动防护系统是在坦克装上芯片大脑后，才有质的发展。

最先出现的是红外探测器，英国于 20 世纪 60 年代在"酋长"主战坦克上进行了试验，当受到对方红外探照灯照射时能向乘员发出警报。70 年代，除继续发展红外探测器外，还发展了激光报警接收机，能探测激光测距仪和激光目标指示器发射的激光脉冲，并将激光报警接收机与烟幕弹发射器结合在一起使用，当探测到敌方发射的激光脉冲时，便发射烟幕弹，生成的烟雾隔断射手的瞄准线，使其难以击中目标。这就是最早出现的一种主动防护系统，以色列的"梅卡瓦"、日本90式和意大利"公羊"等主战坦克都安装了这种防护系统。

主动防护系统的第二个重要发展阶段是研制红外干扰发射机或红外诱饵，用来对付瞄准线半自动控制光学制导反坦克导弹。1990年俄罗斯的 T－80 主战坦克上出现了采用红外诱骗装置和激光报警接收机的"窗帘1"主动防护系统。俄罗斯称，"窗帘1"主动防护系统可将现有瞄准线半自动控制光学制导导弹的命中率降低60%以上。

上述主动防护系统都只是用来使来袭弹偏离目标，并不能降低毁伤率，因而被称为"软杀伤"系统。

"硬杀伤"系统的发展始于20世纪70年代末，从那时起，虽出现过多种不同的方案，但获得成功的不多。第一种投入实战使用的"硬杀伤"系统是俄罗斯的"鸫1"主动防护系统，1983年开始安装在 T－55A 型坦克上，据说在阿富汗战争中使用过。后来，在T－80YM1"雪豹"坦克上出现了"鸫2"主动防护系统，用以对付飞行速度为50～500米/秒的反坦克导弹。据称，"鸫2"主动防护系统能使坦克在战场上的损失减少70%。

1992年，俄罗斯推出的另外一种硬杀伤系统是"竞技场"主动防护系统，用于对付飞行速度70～700米/秒的导弹。该系统包括探测及控制装置、攻击装置等。该系统重1吨，采用模块化设计，安装在炮塔上，是一种全自动主动防护系统，它的探测及控制装置具有电子对抗及目标识别能力，可在任何地形和环境中全天候昼夜工作，防护范围最大可达270°，可随炮塔旋转。探测装置为6个毫米波雷达，攻击装置为22～26个弹药匣。首先，毫米波雷达不断扫描，在坦克周围约 50 米范围内形成一道无形的防御屏障，当探测到有来袭弹威胁到坦克时，车长控制台的硅片大脑自动启动主动防护系统，反应时间不超过 0.07 秒。系统启动后随即自检，完成自检后直接进入战斗模式。在战斗模式下，当探测到距坦克 50 米内的来袭弹时，随即转为跟踪模式，跟踪距坦克 7.8～10 米处锁定目标，并将目标数据输入硅片大脑。计算机对数据处理后，选择反击弹药，硅片大脑将指令信号输入所选弹药，弹药在距目标 1.3～4 米处起爆，形成定向破片区，毁伤来袭弹，使其不构成威胁。该系统在 0.2～0.4 秒钟内即可做好防御下一个目标的准备。据称，该系统可有效对付诸如"陶"、"霍特"、"米兰"和"狱火"等反坦克导弹的攻击。这种"硬杀伤"系统不仅装在 T-80Y、T-90C 主战坦克上，而且还装在 BM-3B 步兵战车上。试验表明，"竞技场"主动防护系统可使坦克的生存力提高两倍。

美国和俄罗斯等国研究出了许多新的积极主动的防护系统，例如俄罗斯的名叫"埃瑞娜"的防护系统以及"特舒尔-7"红外干扰系统、"施托拉-1"系统、"德罗兹德"系统等。

"埃瑞娜"防护系统是由安装在坦克炮塔顶部可旋转的多方向探测雷达、装在炮塔周围的爆炸破片装药和一台灵敏的中央硅片大脑组成。当雷达探测到有导弹打过来时，中央硅片大脑立刻发出指令，引爆适当位置的爆炸破片装药，在最佳时刻和最佳距离射出一束金属破片，每片重 2.5 克，摧毁敌方导弹或使它偏离目标。整个过程是全自动化的，反应时间是 0.05 秒，真是眼明手快，令人拍案叫绝。该系统对付空心装药反坦克导弹很有效。它能够提供 300°的环形防护，只有炮塔后面是死区。据称，利用它可以使坦克的生存能力至少提高 1 倍。俄罗斯已经把这种神话般的主动防护系统安装在 T-80 坦克上了，并且还将其投入国际市场销售。

"特舒尔－7"红外干扰系统能够持续发出编码的脉冲红外干扰信号,使敌方导弹中的红外定位器失灵,从而使导弹一下子变成"笨弹",打不中目标。俄罗斯 T－72 和 T－80 坦克装上这种系统后,可以有效地防御"陶"、"霍特"、"米兰"、"龙"和"眼镜蛇"等现役主要反坦克导弹的攻击。

"施托拉－1"系统由 2～4 个激光束探测器、1～2 个宽频带红外干扰机、特种烟幕弹、中央控制计算机和控制面板组成。作战时,红外干扰机可使敌导弹的红外定位器与导弹发射控制器失去联络,导致导弹迷失方向不能命中目标。激光探测器用以探测敌方为导弹制导的激光束,探测到激光束之后,坦克上的烟幕发射筒就自动发射特种烟幕弹,产生烟雾,使敌导弹操作手或激光指示器操作手看不见目标,从而使导弹不能命中目标。

"德罗兹德"系统是由探测雷达和改进型榴弹发射器组成的。当雷达探测到有敌反坦克导弹来袭时,炮塔上的若干个改进型榴弹发射器立即齐射出许多小弹丸,形成一个弹幕,把来袭弹击毁。此系统已经应用于 T－55AD 坦克上。

在坦克的主动防护技术方面,美国正在研制一种"灵巧装甲"系统,该系统由外挂式撞爆主动装甲块、传感器网络和聪慧的硅片大脑组成。传感器布置在坦克外侧距车体表面约 30 厘米处,并与车内计算机相连。硅片大脑内存储有敌方反坦克导弹和炮弹的各种性能数据以及预编的反击程序。当传感器探测到敌方导弹打过来,立刻将该信息传给电子计算机,电子计算机立刻判断出导弹的类型和大小,并指令适当部位和适当数量的爆炸装甲块起爆,使来袭导弹不能穿透坦克主装甲。如果来袭弹不足以给坦克构成威胁,计算机则不发指令,爆炸装甲就不起爆。是不是这样"兵来将挡"的战斗故事,很像是科幻小说。

　　此外，美国陆军对坦克的装甲还曾设想研究一种更高级的防护方法，即当敌方的反坦克导弹或其他空心装药破甲弹在接近坦克以前，利用强电磁感应，使它们的引信雷管提前起爆，从而使坦克装甲免受攻击，这就更带有神话色彩了。

　　目前发展的主动防护系统主要是针对反坦克导弹的，要对付穿甲弹还有一定的技术难点。这是因为反坦克穿甲弹的速度高，难以及时发现和拦击。例如，反坦克导弹的速度一般为 120～350 米/秒，而尾翼稳定长杆形反坦克穿甲弹的速度一般为 1500～1800 米/秒。若按通常的交战距离 2000～2500 米计算，反坦克导弹飞到目标处需要十几秒钟的时间，而反坦克穿甲弹飞到目标处只需 1～2 秒钟。坦克上的雷达或探测器要在这么短的时间内探测到来袭的穿甲弹，并准确锁定目标，及时做出反应是非常困难的。相对而言，反坦克导弹的速度较慢，容易对付。

　　随着科学技术的进步和高新技术在武器上的应用，未来坦克与反坦克的斗争会更加激烈。性能好、威力大的反坦克武器将会无坚不摧，穿不透、打不烂的装甲也会固若金汤。那么，谁胜谁负？没有胜者，也没有败者。每一次斗争，两者互相交替占上风。坦克与反坦克的对抗仍将继续，矛与盾的斗争将无止境，斗争进一步促进了坦克的发展和完善。

12　时髦的"防中子内衣"

◇ ....

　　坦克不仅有时髦的"外衣"，还有时髦的"内衣"，你没听说过吧。这种时髦的"内衣"叫"防中子内衣"。"防中子内衣"是一种非常新潮的"内衣"。如此标新立异的"内衣"，一般的裁缝是做不出来的，即使他有巧夺天工的本领和手艺，也难以制作，甚至他可能听都没有听说过。对于"防中子内衣"，大部分人可能都没有听说过，所以这种"内衣"就只能由科学家亲手来做了。

　　这种"内衣"是专门用来防御中子弹的。什么是中子弹呢？中子弹又叫强辐射弹，实际是一种产生核聚变的小型化氢弹。中子弹与氢弹的不同点在于：中子弹爆炸后，产生的具有摧毁周围物体的冲击波要比氢弹小，而且释放出的污染物质也较少，其"聚变"的能量，约有80%是以高速中子流的形式释放出来的，所以得名中子弹。

中子弹爆炸时会发射出大量的快速中子。这种快速中子的能量很大，穿透力也很强，不仅能够穿透人体，甚至可以穿透30厘米厚的钢板。由于中子进入人体后，能够破坏人的细胞和神经，严重时立即使人死亡。它就像是一种穿着隐身衣的高手，专以杀人为业，但是它只杀伤敌方工作人员，对建筑物和设施破坏很小，也不会带来长期的放射性污染。因此，当中子弹在坦克群上空爆炸后，其产生的冲击波不足以使坦克的车体遭到破坏，而强有力的中子流则能够穿透很厚的坦克装甲，杀伤里面的乘员。这也就是中子弹杀伤作用的特点——只杀人而不毁车。

美国军方曾以美制和苏制先进坦克试验中子弹，结果坦克内的动物全部死亡。一枚普通中子弹，在二三百米上空爆炸，瞬间可使200辆配备强大火力的坦克丧失战斗力，人员死亡。这样大批的坦克就会成为战利品。对于交战双方来说，还有比这更美妙的事情吗？

这么厉害的中子弹，能防御吗？

世界上的事情就是这样，有矛就有盾。虽然中子弹所发出的核辐射来无影、去无踪，而且看不见、摸不着、听不到、闻不出，但这并不意味着人们面对中子弹只有束手无策、坐以待毙。根据中子弹的不同杀伤原理，人们还是有招数对付中子弹的。

从防护原理上讲，如水、木材、聚乙烯塑料等都能较好地慢化并吸收中子。那么，对于那些英勇作战的坦克兵，又怎样进行防护呢？当他们发现中子弹爆炸后，不可能有时间走出坦克外进行躲避，难道就让他们痛苦地牺牲在自己的岗位上吗？答案当然是否定的。

于是，人们针对中子弹的特点，在坦克内部镶上一层特殊的衬里，或在装甲中间加上特殊的夹层。据报道，4厘米厚的涂层就可以使坦克的防护能力提高到原来的 4 倍。

　　苏联为对付美国的中子弹，最早把防中子的材料用在坦克上。他们的做法是在坦克的车体内增加防中子的衬层，也就是给坦克穿上一层内衣。"内衣"的厚度是 5 厘米。衬层所用材料的主要成分是聚酯树脂和铅粉，另外填加玻璃纤维、苯乙烯、硅胶、环烷酸钴等。说起来也怪，普普通通并不值钱的铅，却成了降伏中子的法宝。你知道奥妙是什么吗？原来铅是很重的金属，用它挡头阵，它的很重的原子核和快速中子"顶牛"相撞时，就可以消耗掉快速中子的大部分能量，而使中子的速度慢下来。然后，其他材料如同"十面埋伏"再左拦右挡，令中子难以夺路前进。如此软硬兼施，就把无坚不摧、所向披靡的快速中子逐渐降伏，大大削弱了它的杀伤能力。所以说，坦克的"防中子内衣"真是珍贵无比呀！

13 特种坦克

◇ ....

一说起"陆战之王"坦克，大家可能都会认为它是陆地上的兵器，是个"旱鸭子"。但是你可能不知道，坦克还有会"蛙泳"的呢！除了会游泳外，还有会喷火的"火神爷"、会架桥的长臂将军，会治"病"的战地神医、会挖地雷的扫雷坦克等。这些有着特殊本领的坦克叫特种坦克。

特种坦克与普通坦克外表长得都很像，如果你仔细观察就会发现，它们都有着一些与众不同的特殊装备。比如水陆坦克上装有水上推进装置，有螺旋桨、喷水推进器等。喷火坦克上的炮塔变成了喷火器塔，扫雷坦克上装有特制的扫雷装置，架桥坦克的底盘上装有车辙式桥梁及其架设和撤收装置，侦察坦克装有特种侦察仪器和设备。还有一种空中奇兵，可以使坦克从天而降。下面我们就给大家说说这些形形色色的特种坦克吧。

坦克潜渡

　　我们先讲一个第二次世界大战时期的故事：当年，德军在法国的诺曼底半岛布置了强大的炮兵部队，企图阻挡盟军登陆。盟军统帅部经过周密策划，决定出动水陆坦克去偷袭诺曼底的滩头阵地。盟军对一些坦克做了改进，让它们能够游泳。你想不到吧，35 吨重的坦克竟然会"蛙泳"。1944 年 6 月 7 日，英吉利海峡狂风呼啸，海浪汹涌，天气非常恶劣。德国兵龟缩在碉堡内，连哨兵都躲进了战壕，可是谁也没有想到，盟军就是利用了这种坏天气做掩护，开始了攻击诺曼底的行动。

　　在海面上，盟军的水陆坦克忽沉忽浮，正在悄悄地向诺曼底逼近。很快，水陆坦克爬上了诺曼底海滩，敌人还没有察觉。水陆坦克先发制人，开炮向德军阵地射击。顿时，德军阵地上的大炮被炸得四分五裂。德军惊魂未定，水陆坦克已经冲上了德军阵地，坦克兵用机枪向德军猛扫，德军死伤无数，剩下的四处溃逃。很快，滩头阵地被盟军攻克。盟军的登陆艇随后驶向海滩，在水陆坦克的掩护下，攻占了诺曼底。水陆两用坦克是一种既能在陆地上行驶，又能在水中航行、作战的坦克。特别是在两栖作战中，水陆两用坦克表现出特有的优越性。这种坦克为什么能够在水中前进呢？

　　大家知道，任何在水中行驶的物体，必须具有一定的浮力来克服自身的重量，才能不下沉，又必须有一定的动力推动自己前进，两个条件缺一不可。为了提高坦克在水中的浮力，人们采用薄型钢板制作外壳，车体设计成又轻又长、前部呈船形，所有拼接部位都焊接起来，防止漏水，使坦克具有良好的密封性，以增加坦克的浮力。坦克的动力则采用了多种多样的方案，有的坦克采用了特制的履带，犹如老式水车的水斗，通过履带的旋转，履带片不断把水排向后方，从而推动坦克前进；有的则在坦克的尾部装上螺旋桨推进器，发动机通过传动装置带动螺旋桨转动，坦克就像船一样前进了；还有的装上喷水式推进器，通过向后喷水，获得反作用力，推动坦克前进。这两个基本条件具备以后，水陆两用坦克便如同既能在陆地爬行，又能在水中游泳的乌龟一样了。

　　水陆坦克在海上航行时，能抗 3～4 级风浪。此外，水陆坦克在水上行驶时需竖起防浪板，车上还备有撑杆和夜间水上行驶照明灯，以及驾驶员水上使用的高潜望镜等特殊设备。美国海军陆战队装备的 AAV7A1 两栖突击车的最大水上速度为 13.5 千米/小时。而现在研制的 AAAV 两栖突击车的水上速度达到 37～46 千米/小时，是世界上水上速度最快的两栖突击车。AAAV 两栖突击车由美国通用动力公司两栖系统分公司研制，其战斗总重量为 33.8 吨，主要武器为一门 30 毫米机关炮，配有热成像瞄准镜的计算机化火控系统，可发射穿甲弹和破甲弹。发动机采用德国 12 缸涡轮增压柴油机，在陆上行驶时，转速 2600 转/分钟，功率 624 千瓦，在水上行驶时，转速为 3300 转/分钟，功率 1984 千瓦。匹配电子控制、无极转向、六速液力机械传动装置。

美国 AAAV 两栖突击车

AAAV 两栖突击车的行动装置采用液气悬挂装置，每侧有 7 个负重轮和 3 个托带轮。在水上行驶时，最大速度 46 千米/小时。载员舱位于车体后部，可搭载 18 名全副武装的海军陆战队员，或装运 2.3 吨物资。载员通过车体后部的动力操纵的跳板式尾门上下车。跳板出故障时则通过尾门上的安全门出入。车体采用铝合金装甲机构，可附加陶瓷装甲组件，能防 300 米处射来的 14.5 毫米穿甲弹和 15 米处爆炸的 155 毫米炮弹破片。车内有集体式三防装置、自动灭火装置和空调装置。

坦克潜渡已经有半个多世纪的历史。美国的 M-60 坦克是最先采用潜渡设备的主战坦克。M-60 坦克在无须准备的情况下涉水深为 1.2 米，经准备涉水深达 2.4 米，安装潜渡设备后可潜渡 4 米深的水域。俄罗斯的 T-55 坦克也配备了制式潜渡装置，潜水深为 5~5.5 米，德国的"豹1"和"豹2"主战坦克为 4 米，法国的 AMX-30 等坦克也是 4 米，美国的 M1 主战坦克因安装的通气筒不长，其潜水深仅为 2.5 米左右。

美国通用动力公司生产的远征战车，在海上像飞一样，十分引人注目。远征战车完成从陆地模式到海上模式上的转换只需要两分钟，它可以从距离海岸 27.8~46.3 千米的海中把士兵运送到岸上，并提供火力支援。该车的海上行驶速度为 46 千米/小时，公路行驶速度为 83 千米/小时。在加利福尼亚州的潘德尔顿营完成的一次海试中，该车以 70 千米/小时的速度在平静的海面上行驶。在 2006 年 3 月 10 日进行的实弹射击试验中，远征战车完成了对距离 1500 米（最远达 2000 米）固定和机动目标的射击试验。EFV 远征战车拥有超过 AAV7A1 两栖突击车 3 倍以上的水上行驶速度和将近两倍的装甲防护力，地面机动性能等同或优于 M1A1 主战坦克，可与下级、邻近友军、上级进行有效的通信指挥作业，还具有三防装置。

EFV 远征战车配备 3 名乘员。车内搭载的 17 名陆战队员位于车体尾部和中部的两侧，每位载员都有独立的折叠式座椅。车体后部有一个液压控制的跳板式尾门，可供载员出入，若跳板出现故障则可通过尾门上的安全门出入。另外，载员舱顶部有两个采用滑动式舱盖的舱口，可供载员在紧急情况下出入。虽然后部安全门较小，且车内走道狭窄，但经实地测试，17 名全副武装的陆战队彪形大汉，仍可在 18 秒钟内全部冲出车外投入战斗。

正在进行海上高速滑行测试的 EFV 远征战车

远征战车的主要武器为一门可更换身管的 MK44 型 30/40 毫米稳定式机关炮，辅助武器为一挺 M240 型 7.62 毫米并列机枪，安装在车体前部的 MK46 型双人炮塔上。在电力系统的驱动下，武器系统可快速在 360°方位内射击。必要时 MK44 型 30 毫米机关炮身管只需更换 5 个零件，就可很容易地更换为 40 毫米身管。这样就能以相当低的成本来大幅度强化 EFV 远征战车的火力。MK44 型 30 毫米炮可击毁 2000 米内的轻型装甲车辆，最大射程可达 4000 米。

车上有 5 具前视潜望镜和 1 具后视潜望镜，可进行 360°的周视观察。炮塔上安装了通用公司的紧凑型模块化观瞄系统，它由昼用光学镜、激光测距仪和第二代前视红外系统和双向稳定装置组成，无论在白天夜间，还是在恶劣气候条件下都能够瞄准打击目标。火控系统由通用公司生产，是 M1A2 主战坦克的计算机化火控系统的衍生型。30 毫米机关炮和瞄准具都装有双向稳定器，可在行进间射击静止目标和运动目标，在打击运动目标时具有相当高的首发命中率。

美国 EFV 远征战车

EFV 远征战车为了达到水上和陆上的三种行驶状态模式的需求，采用了一颗特殊的"心脏"——三种功率输出模式发动机。发动机为德国 MTU 公司生产的 12 缸增压柴油发动机，安装在车体中部，以取得水上航行时的重心平衡。在陆上行驶模式时，利用二级连续涡轮增压系统，发动机在转速 2600 转/分钟时功率为 624 千瓦；在水上过渡行驶模式时，输出功率为 882 千瓦；在水上高速行驶模式时，启动第二级涡轮增压器，在转速为 3300 转/分钟时，功率达到 1984 千瓦。发动机达到如此高的输出功率，使 EFV 远征战车在水上的单位功率达到 58.7 千瓦/吨，能在水上疾驶如飞，有人把它比作意大利的"法拉利"赛车；陆上单位功率达到 18.5 千瓦/吨，其陆上机动性与 M1A1 主战坦克相同或更好。

EFV 远征战车上可携带 1382 升燃油，可供战车在水上行驶 120千米和在陆地行驶 480 千米。如果用于两栖作战的话，这些燃油可保证 EFV 战车在海上航行 40 千米后，仍能在陆上行驶约 320 千米。值得一提的是，EFV 远征战车装有辅助动力装置，包括 22.05 千瓦水冷柴油发动机和 10 千瓦发电机。这样，EFV 远征战车在寂静监视模式中，可整夜安静地待在伏击位置，并在不惊动敌人的情况下，利用车上辅助动力装置给蓄电池充电，以维持车上电子和热成像等系统的正常运作。

钢铁火神

在美国侵略越南的战争中，一支美军突击队遭到了越军的伏击。只见一组一组的越南游击队战士从竹林中、破屋后、菜园中跃出，用火焰喷射器攻击美军。一条条火龙喷向美军，走在队伍前面的美军士兵顿时被烈焰吞没，浑身上下烧得像个火人。美军士兵吓得魂不守舍，逃进一排空屋中顽抗，但是那草竹墙的屋子哪里抵挡得住越军的火攻呢？结果，绝大多数美军葬身"火屋"，只有几个美军士兵逃了出来。

脱险的美军不甘心失败，立刻用报话机向总部报告，诉说了遭袭击的经过。不久，美军总部派了一辆坦克赶来，这辆坦克与众不同，炮塔装的不是火炮，而是一根粗长的喷管。原来，它是喷火坦克，被称为坦克中的"火神爷"。美军想用喷火坦克对付越军的喷火兵，让越军也尝尝烈火焚身的味道。脱险的美国兵带领喷火坦克来到刚才遭袭击的地方，看见遍地是被烧焦的美军士兵的尸体。这时，只见远处竹林中竹枝摇晃，一定是越军埋伏在那里。一声巨响，从坦克的喷火器中飞出一条巨大的火龙，顷刻之间，200 米之内的竹林中一片烈焰，竹林成了火海。可是却没有见到一个被烧着的越军逃出来。原来，越军早已撤离，喷火坦克的巨大火龙，只是使一片竹林遭了殃。

美国 M1 喷火坦克

喷火坦克为什么会喷火呢？原来，喷火坦克是坦克家族中比较特别的一种坦克。它是利用火焰喷射器喷出的烈焰，去攻击对方的坦克、装甲车、碉堡、建筑物和有生力量。在喷火坦克内装有大量的燃油，利用压缩空气可将燃油从喷管中喷出，油在管口自动点燃，喷出的火龙可远达 200 米。在 800～1100℃高温的烧灼下，对方很难抵挡。喷火坦克的车体、炮塔与一般坦克差不多，但其结构形式多样。

一种是无制式喷火坦克，炮塔上没有火炮，仅有一个身管很短的喷火器。它用大口径机枪做辅助武器。喷火器俯仰角度较大，并可进行环形瞄准和喷火。这种喷火坦克没有火炮，远程火力不强。另外一种是在火炮旁增加一个喷火器，既可以开炮，又可以喷火，一车两用，如苏联的 OT - 26 喷火坦克。这种坦克具有喷火和发射炮弹两种本领，并能同时发挥。但是喷火器的瞄准和喷射范围受到一定限制。还有一种喷火坦克别出心裁，采用专门的喷火器塔，必要时可卸下喷火器塔，换上炮塔，来一个"改头换面"。

坦克的喷火装置由喷火器和供油设备组成。当坦克需要向目标发起攻击时，只要按下喷火发射按钮，输出电压立即传给时限继电器和电导火管。电导火管在喷嘴前喷出火苗进入准备发射状态，只待喷嘴喷出燃油。时限继电器工作 0.1～0.2 秒后，接通烟火药器，筒内的火药爆炸产生高压气体，气体进入油瓶推动活塞向前运动，把油瓶里的油迅速压出。压出的燃油通过喷嘴射出时被电导火管的待命火苗点燃，并以 100 米/秒的射速喷向目标。只要射手按住发射按钮不放，喷火器会每隔 10～20 秒喷射一次，在很短的时间内形成一个密集的杀伤火区或防御火障，有效距离在 200 米左右，覆盖相当于两个足球场那么大，令敌望而生畏。喷火坦克既可以对付成片冲锋的士兵，也可以用来摧毁敌方的防御工事，烧毁碉堡等。

俄罗斯 TOS－1 喷火坦克

在 1935—1941 年意大利侵略埃塞俄比亚战争中，意大利军队首次使用了喷火坦克。这种喷火坦克是由 CV33 超轻型坦克改装而成的，喷火器的最大喷射距离为 100 米。

在第二次世界大战期间，喷火坦克得到了广泛应用。这些喷火坦克，携带喷射燃料 200～1800 升，可喷射 20～60 次，喷火距离 60～150 米。20 世纪 70 年代以来，喷射距离已经超过 200 米。典型的喷火坦克是美国 M67A1 式喷火坦克。该喷火坦克是把一具特殊的喷火器安装在炮塔上，它还可以在极短时间内卸下喷火器，安装标准的火炮。该喷火坦克装有燃烧油 1324 升，喷射距离 230～270 米，喷火持续时间 61 秒，通常以点射方式喷射，每次点射时间 10～20 秒。

地雷克星

茫茫沙漠，征尘滚滚，海湾战争开始了。在几路纵队前面，有一些特殊的坦克在开进，它们的顶部装有向前伸出的长长的蟹形铁臂，铁臂上长着类似巨爪的铲状物。这是美军工兵使用的扫雷坦克。美海军陆战队扫雷专家卡特尔少校坐在扫雷坦克中，正全神贯注地观察着前方。他十分谨慎地对驾驶员说："放慢车速，马上要到雷区了。"驾驶员立刻放慢车速。几个美军工兵心情异常紧张，表情十分严肃。少校说："准备扫雷！"

为了阻止多国部队的进攻，伊军组成了三道防线。在沙特和科威特边境修筑了一道由地雷场、坦克障碍壕组成的防线。部分壕中还铺设了油管，准备以"火烧阵"对付美军。在"火烧阵"后面，是精心构筑的大批"沙漠要塞"。这些要塞的中心是兵营和坦克，外侧是三道以沙筑成的沙壁，沙壁外是宽阔的地雷带。地雷带外布满了铁丝网，用来阻止多国部队排雷。铁丝网外，是一圈深 6 米、宽 18 米的坦克障碍壕，其跨度使任何类型的坦克都无法越过。障碍壕内同样布满了油管，准备"火焚"多国部队的坦克。障碍壕外有一圈由沙筑成的外缓内陡斜坡，多国部队的坦克若爬上坡顶，不但炮口朝天无法发射，而且将装甲薄弱的底部暴露无遗，只能等着挨揍。第二道防线是由 26 万名军人、90 门大炮和 1500 辆坦克组成的防护网。第三道防线由三个装甲师组成，其中大多数是萨达姆直接指挥的共和国卫队。这就是构筑多日的"萨达姆防线"。为了突破"萨达姆防线"，美、英等国在地面作战前，从国内调来一批工兵和技术人员，并给部队配备了最先进的扫雷装备。

夜，黑得像锅底。扫雷坦克驶到雷区后，便立即开始扫雷。你别小看这些貌似笨拙的扫雷坦克，它们干起活来却十分灵巧。这些扫雷车上，有的装备坦克扫雷犁，这种扫雷犁在坦克履带前各安装一组犁刀，扫雷犁的部件均由优质钢制造，可抗地雷近炸破坏；它开辟通路的宽度达 3.8 米，可保障坦克安全通过；下挖深度 23 厘米，能将地雷挖出。它们开辟通路的速度达 12 千米/小时。还有的扫雷车上装有以色列"拉姆塔"扫雷犁，这种装备被美海军陆战队员赞美为"棒极了"。它的扫雷率达 98％，开辟通路速度达 12.8 千米/小时。

这时，就见扫雷车上的蟹形铁臂迅速动作起来，铁臂爪向地下铲去，地雷一个接一个被铲出。卡特尔少校指挥工兵，很快就开辟出了安全的通道，装甲车、坦克沿着通道向纵深驶去。

在现代战争中，大面积布雷是对付坦克群很有效的办法。装甲部队为迅速排雷而伤透了脑筋。然而，有了扫雷坦克跟随，排雷问题就好办多了。扫雷坦克的外形与普通坦克无多大差异，只是在车体的前方安装了特殊的扫雷器。扫雷坦克的扫雷装置有机械扫雷器和火箭爆破扫雷器两类。其中，机械扫雷器按工作原理可分为滚压式、挖掘式和打击式三种。这三种方式的扫雷器既可以单独运用，也可以联合编配，应用最多的是将滚压和挖掘扫雷器联合使用。上述两类扫雷器开辟的通路不同，有的只能开辟车辙式通路，即开辟出两条间隔与车辆轮距相等的道路，有的能开辟全宽度通路，即开辟出宽度不小于车辆宽度的通路。

我们先来看看滚压式扫雷。当然，滚压绝不是用坦克去压，而是在车前装上一个大滚筒，活像个大碾子。由于这种大滚筒扫雷器本身少则七八吨重，多则几十吨重，压向地雷时本身不会损坏，最多向上跳一跳。滚压式扫雷装置扫雷宽度 0.6 ~ 1.3 米，扫雷速度12 千米/小时。这种扫雷装置的扫雷效果和抗爆性能都不错，但它在坑洼不平的路面上滚动时容易漏扫地雷。由于滚压式扫雷装置过分笨重，目前已经不大采用。

装有机械扫雷器的美国 M1A1 坦克

现在最常见的是犁刀式扫雷器。它的外形酷似耕地的犁，用犁刀将埋在地里的雷像挖地瓜一样翻出来，然后把地雷堆在坦克两侧。它的重量较轻，便于坦克携带，而且排雷效果也很好。但是它也有不足，一旦遇上硬土，犁便出现打滑，难以完成扫雷任务。

扫雷坦克除用挖和压的方法扫雷外，还可用打的方法。只要在车前装上链条式扫雷器，高速旋转的链条不断鞭打地面，埋在地下的地雷便会因抽打而引爆。扫雷宽度可达4米，扫雷速度1～2千米/小时。该扫雷器的抗爆性差，需要经常更换扫雷链条，而且在干燥松软的地面上作业时会扬起很大的尘土，影响驾驶员的视线。

火箭爆破扫雷器，一般安装在坦克车体的后部。扫雷时，火箭从发射架上发射出去拖带柔性直列装药，落入地雷场后爆炸，利用爆炸引爆或炸毁地雷，开辟通路。与机械扫雷器相比，火箭爆破扫雷器开辟通路迅速，清除地雷彻底。柔性直列装药的装药量为400～1000千克，在雷场能开辟宽4～8米、长60～180米的通路。由于火箭爆破扫雷器的火箭射程达200～400米，扫雷作业时间一般不超过30秒钟，因而具有作业速度快、远离雷场作业、敌火力下暴露时间较短、扫雷比较安全等特点。

苏联还成功研制了磁扫雷装置，它能够产生很强的模拟坦克磁场的信号，以诱爆车辆前方一定距离上的磁引信地雷，扫雷装置重440千克，扫雷宽度为4米。

目前，由于地雷品种增多，其抗扫能力增强，使得扫雷难度加大，用单一性能的扫雷装置很难彻底扫除地雷。因此，一些国家正在研制和发展具有多种扫雷功能的综合扫雷车，集爆破扫雷装置、机械扫雷装置、磁扫雷装置于一体，以扫除不同类型的地雷。为了快速发现和及时扫除地雷，有的国家还在研究智能化的探雷扫雷系统。

长臂将军

在第四次中东战争中，以色列军总部经过周密的策划，决定出动坦克部队去偷袭埃及后方的军事基地。一天黄昏，以色列的一支坦克突击队悄悄地离开了基地。令人奇怪的是，在这支坦克部队中，有一辆模样很怪的坦克，它没有炮塔，背上驮着折叠的钢铁长臂。

前方一条大河拦住了坦克突击队的去路，只见那辆怪模怪样的坦克驶到河边，它将背上的长臂抬起，再放开折叠，把长臂一下子搭到了对岸。原来，这辆坦克是架桥坦克。它只花了 3 分钟，一座22 米的钢桥就架好了。坦克一辆接一辆从桥上驶到了对岸。架桥坦克最后驶过了桥。过河后，只见它很快收起长臂，把长臂折叠后驮在背上，跟随其他坦克继续前进。以色列坦克突击队迂回到埃及的后方，发起突然攻击，将埃及的军事基地摧毁。

渡河架桥要有专门的架桥设备，而坦克为什么也能担负这项任务呢？架桥坦克是坦克家族里有名的"长臂猿"，它的顶部看不到旋转的炮塔，却背着一副沉重的折叠式钢桥。钢桥的长度视坦克底盘而定，一般为 20 ~ 22 米，个别的长达 25 ~ 30 米，载重量为 30 ~ 60 吨，通过一般的主战坦克毫无问题。

以色列的 MTU - 20 装甲架桥车

在战场上，架桥坦克与坦克部队一起前进。当坦克群遇到难以跨越的沟渠、反坦克壕或小河流时，架桥坦克依靠自身的动力，在2 ~ 10 分钟之间，就能把背上折叠的钢桥展开并架好桥，让其他坦克从桥上通过。当坦克全部通过后，它又把钢桥折叠起来，重新放到背上，收桥时间前后只有 5 ~ 15 分钟左右，动作十分迅速，不愧是架桥能手。架桥坦克内有乘员 2 ~ 4 人，在桥梁架设及撤收过程中，乘员不需要走出车外，在车内操作即可完成。为了防御敌步兵和敌机的骚扰、攻击，一般架桥坦克都装备有机枪和高射机枪，有的还装有烟幕弹和三防设备。因此，架桥坦克能随主战坦克一起行军作战。

早期架桥坦克竟然保留了自卫火炮

20 世纪 80 年代，德国研制了一种"SAS"多跨度架桥坦克，由 5 辆坦克组合，可在水深不超过 4 米的河流上架设长 85 米的多跨度桥。

现代装甲架桥车有剪刀式和平推式两种。剪刀式桥在架设时，像剪刀一样使折叠的两部分向前伸展，完成架设动作之前，必须把桥体高高地竖起来，整个高度可达十几米，自然姿态高大，容易暴露，易受攻击。而平推式桥在架设时，桥身水平推出，姿态低，目标较小，隐蔽性好。

目前，各国部队服役的装甲架桥车，一般以坦克底盘为基础，去掉炮塔，而代之以一组活动的折叠式金属机动承载桥。与坦克相比，其动力、传动、行动及操纵等系统几乎没有什么改变，因此，这种装甲架桥车的机动性能与坦克具有相近的最大速度、最大行程和越野、爬坡、涉水、过障碍等方面的能力。坦克架桥车正朝着桥体轻，多节长跨度，架设和撤收时间短，架桥自动化程度高的方向发展。

特种坦克还有红十字装甲救护车、战场抢修坦克、空降坦克、侦察坦克等。

世界各国的主战坦克发展也十分迅猛，比如俄罗斯的第四代主战坦克 T-95、美国王牌"艾布拉姆斯"、以色列的"梅卡瓦4"、德国"豹2"A6 主战坦克等。除此之外，坦克伴侣——步兵战车发展也很快，美国已有五星战将"布雷德利"步兵战车，俄罗斯有 BMP-3 步兵战车等。未来的坦克将向着电气化的全电坦克、数字化、小型化、合成树脂、隐形坦克和智能坦克发展。